U0125694

不可思议的发酵酿造

马俊丽 刘新征 编著

中国轻工业出版社

前言

因发酵酿造而涌动的生活

发酵的英文"Fermentation"由拉丁语"fervere"派生而来，意思是翻涌、发生起泡这样的现象。食物通过发酵得以更长久地维持可食性，这是发酵食物最初的形成原因。后来，人们逐渐认识到食物经过发酵作用后更易于消化，更好保存，风味变得更为丰富而诱人，从而有意识地制作发酵食物。并且，同一食材经过发酵作用后转化为多种食物类型，拥有了更多的可能性。

首次接触的发酵文化类书籍，是我在广州的方所书店看到的桑多尔·卡茨（Sandor E. Katz）撰写的《发酵圣经》，它与我大学时期看到的发酵相关教科书完全不同，从文化的角度去梳理，又从实操的层面去引导。再后来因为工作原因常去日本，我在茑屋书店看到排列整齐的"发酵文化"类书籍陈列专柜，每次都会购买些回来，还了解到他们成立了日本发酵文化协会，致力于传播相关的文化与知识，深受触动，有意无意也埋下一颗"种子"。

发酵的世界非常丰富，我们的生活中处处都有它的影子，但或许正是因为它太过日常，又常常被人忽略。前几年做生活方式杂志，生活也在慢慢发生变化，身边越来越多的人尝试在快速的生活里放慢速度，用双手去制作食物，珍惜本真的味道。酿造，可以说是传统发酵食物制作的基础。怀着热爱之心真诚酿造而出的酒饮，味道是最好的答案。而味道背后，连接的是人的思想。

分享、交流、探索，是这本书想要达成的目的。鼓励大家动手尝试并参与社区里的发酵文化活动，以此找回我们通过食物与生活和世界连接的关系。第一章是发酵酿造的基础知识，是非常重要的事，理解实操过程中的种种原因以及每个环节的目的；第二章是根据季节制作的容易上手的酿造饮料，酿造与时间相关，或许可以一边酿酒，一边感知自然的变化与美妙；第三章是酿造进阶，也对应当下火热的精酿啤酒潮流，酿一杯自己的啤酒其实没有那么难，因为酿造，你会了解这种寻常的酒精饮料其实无比丰富；第四章是关注那些将发酵酿造的热忱转为事业的人，他们分享的感受可以帮助你理解这不可思议的魔法，它拥有改变的能量，无论是对自我还是对于生活；第五章的主题旅行带你去往一些美好的地方，因为有了发酵酿造的主题，似乎对旅行目的地也不局限于泛泛而行。

我们想要展现因为发酵酿造而涌动的生活，也希望呈现发酵文化的魅力，当然最棒的就是——大家因这共同的爱好聚集起来，动手开始！

目录
Contents

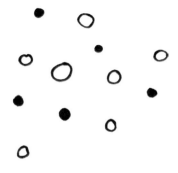

发酵酿造
时间与味道的艺术

Chapter

01

发酵酿造这件事无法立等可取，总需要时间的打造，才能使得原本的食物改变本来的状态和味道，并得以长久保存下来。换句话说，时间是真正的原料，保证发酵过程可以完成。同时发酵食物又利用时间，保留着人们世代生活的印记。

穿越历史长河，
讲述风土与生命的故事

　　总记得我收到大学录取通知书时的场景，看到上面赫然写着"发酵工程"四个字，当时的我连同父母面面相觑，茫然不知此为何意。有一次我遇到一个阿姨，她听说这个专业后忍不住笑出声来说道："蒸馒头也需要上大学吗？"

　　抱着同样的疑问，我进入大学开始了四年学习，慢慢了解到我们这个叫作生物发酵工程的专业，其实关注的领域是微生物，一个我们日常生活中肉眼看不见的世界。微生物在地球上已经生存了35亿年的时间，远远超过人类的历史。16世纪，荷兰商人列文·虎克通过他发明的显微镜观察到了微生物，人们才知道它们的存在。而直到19世纪中期，微生物学的开创者巴斯德更为系统的理论和实践，才让人们知道微生物世界的神奇，既研制出了拯救生命的疫苗，又揭示了发酵是酿酒的关键。毕业后的很多年里，我并没有直接从事酿造行业，却总在生活和工作中多多少少与发酵和酿造相遇。在我们日常的饮食中，各种发酵酿造酒是最常见的主角，而咖啡、茶更是现代生活的每日刚需，还有些散发着浓郁味道的发酵食物，一边被人迷恋，一边又被另一群人厌恶。发酵食物和发酵饮料强烈的地域性让不同的人找到身份的归属感与认同感，然而随着城市化进程加快，人群在大规模流动，这些发酵食物和发酵饮料又开始被不断改进和演变。食品工业统治世界的同时，传统发酵食物在日常开始逐渐消失，被工业流水线生产的产品所替代。然而发酵酿造一直是人类文化的延续，它是世世代代人类保存食物的方式，是人类让食物美味的手段以及社群分享的传统载体。文化这个词来自拉丁语的"cultura"，也就是"培育"的意思，培育土地上的植物、动物和微生物，这也正是发酵酿造的核心。所以即便面临危机，它却总能被再度延续。

发酵酿造
穿越历史的长河

　　在了解微生物之前，人类早已开始发酵酿造。何为"酿"，酿字最早写为"釀"，后简化为"酿"，《说文解字》中解释"酿，酝也。作酒曰酿。"关于人类如何酿酒、如何饮酒、有关酒的故事和传说，不同民族和文化都有不同的诠释。但用谷物、水果、蜂蜜、牛奶等这些五花八门的基础原料酿酒，早已贯穿人类历史的长河当中。

　　在 1000 万年以前，我们的祖先从树上来到地面，偶尔品尝到了散落在林地上烂熟的果子，这种果子含有糖分和经过发酵产生的酒精，味道可能比树上的果子更加美味和丰富，同时还有微醺的感觉。也许，这就是人类对于酒的最初体验吧。酿酒始于偶然，却发展于必然。食物与味道体现了一个族群的世界观与审美观，代代相传并不断演化。

　　追溯到狩猎采集时代，人类最爱的甜味是蜂蜜，西班牙阿拉尼亚的壁画中就有人类开始尝试饲养蜜蜂的画面。古希腊的"养蜂之神"阿里斯塔奥斯教农民如何饲养蜜蜂，以主神宙斯为首的众神都陶醉于蜂蜜酿就的生长不老酒"蜂蜜酒"。穿越茫茫沙漠，底格里斯河和幼发拉底河的河谷之间，这片孕育生命与文化的大地叫作美索不达米亚平原，这片区域已有 9000 多年的大麦种植历史，这也正是啤酒最早的诞生之地。啤酒是埃及人生活中不可缺少的一部分，埃及人认为啤酒拯救了人类，他们在古老的城池里开办酿酒厂，在哈托尔神庙举办醉酒节，以此来纪念神奇的啤酒。葡萄酒历来都是餐桌上的主角，也是果实酒的代表，苏美尔人认为通过喝醉的方式，人类可以从神那里获取知识；而在古罗马，葡萄酒被认为是神圣的，甚至特别设立了很多和葡萄酒有关的节日，将酿好的葡萄酒献给诸神，能获得更多神的能量。在我国河南省的贾湖遗址中，有上溯到公元前 9000 年至公元前 7500 年的墓地内发现的陶罐，陶罐内淡黄色残渣被证实是来自一种含有蜂蜜、大米、葡萄和山楂的发酵饮料，这应该是中国历史上最早的酒。

　　这一切是如何开始的？人类为什么会开始发酵酿造？偶然发现的发酵使得食物比天然原始状态更为美味，出现的那种飘飘然的感觉也太过美妙。含酒精的发酵饮料带来刺激性味道，酪酊感让人类着迷。在经历了几千年的偶然事件后，人们慢慢开始掌握了发酵酿造的规律。

酿造是什么？

本质上是物质的转化，但内在却是人对可能性的无尽探索。你可以把稀疏平常的原料通过自己的双手交给时间酝酿，创造全新的事物，而且这个事物还能让人有愉悦之情，成为一种载体，连接更多的情感。于是，它从物的转换成为精神层面的转换。发酵与酿造，没有边际、跨越国界、穿越时间。它不是新颖的事物，而是人类悠远的生活经验，这些经验来自长久以来人与大自然相处与共存的平衡之道。

将观察尺度进一步放大，它还反映了社会的变迁。酱油、酒、腐乳……这些都与传承了千年的信仰和意识形态有着千丝万缕的联系，正是这种信仰和意识形态在不断改变世界。

在工业科技尚未成熟的年代，人们的生活是自给自足的状态，偶有的丰收十分珍贵，遇到有剩余时，人们很自然地想要珍藏与延长食物的保存期限，或者赋予食物特殊的风味。意外所得，却开拓了全新的领域，食材与空气中的微生物相遇，拥有新的活力，于是食物的外观、色泽、香气、滋味会在微生物的作用下发生奇妙的变化。人们因此乐于探索、品尝、传承发酵与酿造的丰富世界。在冰箱还没有被发明出来时，发酵酿造是保存食材的重要技艺，是人们在新鲜与腐败之间取得平衡的一门科学。没有微生物生命的参与，发酵就无从谈起，这是发酵的重要特征，在发酵类饮料这个领域，比如葡萄酒的酿造主要依靠葡萄表皮的天然微生物菌群，其中酵母菌发挥着重要作用。我们看不见它们，它们却无处不在，在储存酒的仓库里、在天然发酵池中、在植物生长的空气中……在不同地域这些微生物默默发挥作用。

城市充满活力和惊喜，各种各样的人聚集在一起，互相碰撞产生火花。总有些对传统发酵酿造有热情的先行者亲身制作，产品的味道让人印象深刻，也推动着身边更多的人参与进来。社区的共建与分享、健康的食物、环境的友好，都使得发酵酿造在当下的时代也同样拥有其深远的意义。

发酵酿造
讲述本地风土的故事

发酵酿造品类众多，而且风味各不相同，主要是因为不同的微生物在不同的生长环境下，分解不同食材的结果。在某种发酵食物制作过程中产生的微生物群落属于一个地点，它们的多样性是各种天然因素，如地理、气候、环境等风土作用的综合结果。比如茅台镇的白酒、比利时的兰比克啤酒、绍兴的黄酒、日本的清酒，因其本地独特的菌群，成就了独一无二的产品。人们记忆中那最初的、产地的味道，也使得发酵与酿造食物，有它不可替代的勃勃生机。

"有饭不尽，委之空桑"，这是绍兴黄酒博物馆中展示的黄酒出现的根本原因。粮食有了剩余，才能出现用粮食来酿酒的行为。所有传统发酵食物最初的出现都是因为在产地出现了富余，碰巧放在什么地方，就形成了自然的发酵，所以不同地域就因为有不同的物产，出现了不同的发酵酿造食物。用发酵酿造的主题去梳理地域，你会有崭新的发现。北方人用高粱酿酒，南方人用米酿酒，西北的草原民族用马奶发酵酿酒，西南藏族的青稞酒由青稞酿制。发酵饮品之外，豆类发酵是我国传统发酵食物的特色明星，腐乳和豆豉在我国各个省份和地区演变出各种形态，味道无比丰富，能满足当地的饮食需求。放眼全球，拥有超能力的微生物群体在各地施展发酵酿造的魔法，韩国酸辣鲜香的泡菜出现在很多城市，瑞典盐腌鲱鱼罐头的终极味道令人难忘……依照发酵主题的旅行总能充满惊喜，让人用奇妙的味道了解当地风土的故事。工业化浪潮滚滚向前，可喜的是，一些关注食物、关注健康、关注食物和自然关系的先行者积极在本地进行着发酵酿造的实践。北京、上海等城市里的有机农夫市集中，农友们怀着热爱之心，真诚制作出的奶酪、米酒、啤酒等食物，让人最直观地感受着传统发酵味道与工业化味道的不同。毕竟除了文化性，发酵酿造食物最根本不可替代的是它的食物属性，发酵增添了食物味道的广度与深度，发酵使食物比新鲜时更易消化和吸收，增强了营养功能，有实验证明发酵本身就是一个预先消化的过程。

当有了冲动想要开始，尽量去慢慢理解发酵酿造中的"如何"与"为何"，有好奇心，又有耐心，创造出不同风味的酿造生命，经过时间与风土作用的过程，充满不可思议的魅力。

那么，就尽情探索吧！

开始酿造前
需要了解的事

快速进入微生物的世界吧！

微生物在地球上已经生存了35亿年，远远超过人类的历史。直到16世纪荷兰商人列文·虎克通过显微镜观察到了微生物，人们才真正知道它们的存在。

人类的生存离不开微生物，我们从出生开始就携带着大量的微生物，它为我们的免疫系统和对食物的消化吸收提供强大的支持。那么微生物都分为哪些种类呢？微生物一般分为以下几类：细菌、病毒、真菌以及一些小型的原生生物、显微藻类等在内的一大类生物群体，它们具有个体小而表面积大、生长速度快、遍布范围广的特点。在我们日常经常接触的食物发酵中利用较多的是酵母菌、霉菌、细菌，其中酵母菌和霉菌同属于真菌类。使用哪种微生物进行发酵，取决于要发酵酿制哪种食物。比如酿造果酒和啤酒，我们会用到酵母菌；酿造米醋我们会用到细菌；酿造米酒我们会用到霉菌、细菌和酵母菌。酿造就成为几种菌类协同作用的结果。对于酒类酿造来说，酵母菌利用糖类在无氧的条件下产生酒精和二氧化碳，这是酿造的根本，这里有两个大的前提，一是有酵母菌可以直接利用的糖，二是无氧环境。只要满足了这两个条件，在适宜的温度和酸度下，酵母菌就会完成它的使命，代谢出酒精和二氧化碳。

$$葡萄糖（C_6H_{12}O_6）+ 酵母 \xrightarrow{无氧发酵} 酒精（2C_2H_5OH）+ 二氧化碳（2CO_2）$$

了解我们熟悉的酒类世界

那么对于酒来说，又是如何分类的呢？市面上销售的酒有很多种，常见的威士忌、白兰地、葡萄酒、米酒、啤酒都属于哪类呢？它们之间有什么差别？

按照酿造生产的制作方式，我们将酒类分为酿造酒、蒸馏酒和露酒。

酿造酒以谷物、果汁为原料，利用微生物进行酒精发酵而得，例如啤酒、米酒、葡萄酒等。

蒸馏酒是通过对酿造酒进行蒸馏而得，简单来说是一个浓缩纯化的过程，例如我们熟知的白酒、烧酒、威士忌、伏特加、朗姆酒等。

露酒是以蒸馏酒或食用酒精为酒基，以药食两用的动植物精华按先进工艺加工而成，改变了其原酒基风格的饮料酒。例如鸡尾酒、水果浸泡酒、药酒等。

在酿制酒的过程中，利用微生物的厌氧发酵得到酒精，那么为什么在我们品尝的时候除了有酒精带来的微醺感还有那么多复杂而美妙的味道呢？那是因为在发酵过程中，除了酒精和二氧化碳，还有其他中间产物产生，例如会有带来甜味的甘油，带来芳香气味的酯类、醛类、酮类和醇类物质，带来酸味的柠檬酸、苹果酸和乳酸。我们要做的是为这些肉眼看不见的微生物营造一个舒适的生长环境，让它们赋予食物更有深度和广度的味道。

在酒类酿造过程中，
什么样的环境最适宜酵母菌生长？

◈　**糖度**：糖是酵母菌发酵生成酒精的必备条件，所以糖是必需的，无论是做果酒、蜂蜜酒还是啤酒，首先要有酵母菌可以利用的糖，比较理想的糖度是 15% ~ 20%。

◈　**温度**：温度与酵母菌的生长速率有很大关系，最适合大部分酿酒酵母菌的发酵温度是 22 ~ 27 ℃。

◈　**酸度**：发酵液的不同酸度（pH）对各种微生物的繁殖和代谢有着不同程度的影响。以酒的发酵来说，酵母菌是最主要的微生物，比细菌有更好的耐酸性。为了确保酒发酵过程的正常进行，并使酵母菌成为优势菌群，最好营造一个偏酸性的发酵环境，pH 在 4 ~ 5.6。

如果你想在酿造酒的过程中检测这些数据，可以购买相关仪器测量。

pH 仪▽　　　　　折光仪▽

需要注意的事项！

　　自己酿酒并不是太难的事，你能从中体验到地球微小生物带来的惊喜。不过在酿酒之前需要注意的事项，一定要首先掌握：

1. 发酵容器的选择

- **形状**：对于制作蜂蜜酒或者其他主要以液体为原料的酒类，最好采用窄口玻璃瓶，这样容易安装水封装置，便于排气和降低杂菌污染的概率，发酵过程更加方便、安全。而对于利用果肉制作的果酒或者米酒这类主要以固体为原料的酒类，最好采用广口玻璃瓶，这样便于水果和米等原料的置入。

- **材质**：最好采用透明玻璃瓶身，这样便于观察发酵过程，这也是发酵的乐趣之一。

- **容量**：家庭用发酵容器最好在 2 ~ 5L，便于操作和清洗。但是要注意，发酵液的体积最好只占发酵容器的 2/3，因为在发酵过程中有可能会产生泡沫，所以要预留一部分空间，不要把容器装满。

- **强度**：最好购买耐热等级高的玻璃容器，这样在用热水消毒时不会发生破损。

- **密封**：发酵容器的密封方式和参与发酵的微生物种类有直接关系：如果是酿制蜂蜜酒、果酒和啤酒等酵母参与的发酵，在发酵过程中会产生二氧化碳，所以采用水封或者带有排气装置的玻璃容器，操作起来会比较安全和方便；如果是酿制米酒等主要是霉菌参与的发酵，因为是好氧菌，必须有氧气的参与，所以可以采用广口玻璃容器等密封不用很严格的容器。

2. 水封

水封的主要功能就是隔绝外界空气进入发酵容器，同时将发酵产生的二氧化碳排出容器，防止爆瓶，安全方便。水封可以通过网络购买（另外需要根据你所采用的发酵容器的口径尺寸购买配套的硅胶塞才能安装水封）。目前市售的水封有两种形状，但是功能都是一样的。

3．消毒

消毒是酿造过程中的重中之重，建议大家将所有和酿酒有关的器具完全消毒后再使用，特别是作为发酵器具的器皿。可以采用巴氏杀菌法，63℃消毒至少30分钟，或者72℃消毒至少15秒的杀菌强度，或者将容器完全浸在水中煮沸10分钟，又或者蒸5分钟后放凉待用（图1、图2）。其他参与酿酒的器皿和工具也要洗净，不残留污物和油污，尽量多采用不锈钢和玻璃制品，最好不要采用塑料制品做发酵容器，因为塑料制品容易留下刮痕，每行刮痕都是细菌的温床。目前在家庭中最有效的消毒方式是湿热灭菌，简单来说就是开水煮沸或者蒸汽灭菌，这种方式既简单又有效。另外75%的医用酒精也是必需品，可以喷洒在参与酿酒的器皿和双手上，起到消毒的作用（图3、图4）。

4.酵母菌的复活

　　目前市售的酵母菌大都是干粉形式，如果将其直接接入发酵，酵母菌的活性无法达到最佳状态，所以建议先将酵母菌复水后再使用，相当于对酵母菌的唤醒。这个步骤其实很简单，先在一个消毒后的玻璃瓶内加入 20mL 煮开后冷却到 30℃左右的纯净水（图 1），再将 1 ~ 2g 酵母粉倒入其中，使酵母粉充分溶解（图 2~ 图 4），静置 30 分钟后就可以倒入蜂蜜水或者苹果汁中发酵。

1	2
3	4

5.无菌状态

　　发酵是微生物参与分解有机物，从而拓宽食物营养和风味的过程，它对人体有益，但是我们不希望其他致病菌参与到这个过程中，所以要有无菌状态，这里的无菌当然指的是无致病菌，所以在酿制过程中，所有参与制备的器具和双手一定要注意灭菌消毒，经常用 75% 的医用酒精喷洒双手和器具是很好的习惯。如果在发酵过程中有变色和恶臭的现象发生，请不要犹豫，立刻清理。重新制作才是明智之举。

Chapter

02

酿造生活
可能性的礼物

发酵酿造虽是意外所得，却开拓了全新的领域，在微生物的作用下，食物与味道都发生了奇妙的变化。人们因此乐于探索、品尝、传承发酵与酿造的丰富世界。在今天，已经不再需要发酵酿造来保存食材，但它依然活跃在我们的生活里，它是可能性的延续，通过发酵酿造出属于自己的风味。每个人在不同的季节可以创造出不同风味的酿造生命。它记录时间，经过时间与风土作用的过程更加迷人，充满不可思议的魅力。

春

纯粹的造物：蜂蜜酒

酸甜苦咸，是人类对于味道的感知。在这其中，甜味对于人类来说是安全和迅速补充体力的美好味道，人类对甜味的欲望有难以抑制的冲动，在本能的驱动下，会不断地向自然界寻求甜味。

而蜂蜜，就是自然界中最早为人类提供甜味的宝藏。

在古埃及时代发明养蜂技术之前，人们就开始采集蜂蜜了，描述蜂蜜猎人爬上山崖摘取蜂蜜的原始画面，最早可以追溯到中石器时代和新石器时代，在7000年前的西班牙阿拉纳洞穴中，就有关于人在树上采集蜂蜜的画面，可见人类对于蜂蜜的食用在很久以前就开始了。

早期的酒是被发现的，而不是被发明的。有种有趣的说法认为酒与蜂蜜有关。在遥远的远古时代，某块大陆上的某棵大树上有个蜂窝，在狂风暴雨的作用下，蜂窝从树上跌落，随雨水飘荡，如果恰巧蜂蜜与水的比例是1∶2，那么这种混合物就会开始发酵，转化为蜂蜜酒。碰巧有个我们的远古祖先在此路过，又很口渴，他的好奇心驱使他尝了尝这天然的蜂蜜酒。这个崭新的味道让他感到特别，既有蜂蜜的味道，又给了他晕晕的感觉，身在这个熟悉的世界，思想却又飘到了其他未曾去过的地方，说不清且道不明。关于人类是怎么开始酿造蜂蜜酒无据可查，但这种醉酒的体验，促使远古祖先们想去重现这种感受。可能是人们把蜂巢里大部分蜂蜜倒空后，浸泡在水中获取剩下的蜂蜜的时候，最古老的蜂蜜酒出现了；也有可能是树上的蜂巢在经过暴风雨后掉入积水中自然发酵，人类饮用后产生的灵感。

如今能找到的考古遗迹中，最古老的发酵饮料就是在我国河南的贾湖遗址中的陶罐残渣，经分析证明，这是一种含有蜂蜜、大米、葡萄、山楂的混合发酵饮料，它可以追溯至新石器时代的公元前9000年。贾湖遗址所发现饮料的制作过程极其复杂，人类要经过更长时间的进化才可以掌握，而蜂蜜酒是最容易制作的发酵饮料，若论旧石器时代的酒精饮料，正是它的主场。

糖经过发酵可以产生酒精，这是所有酒类制作必经的过程。而蜂蜜酒不合常理的地方，在于组成它的两种原料水和蜂蜜在纯净的状态下都无法发酵。从本质上说，蜂蜜酒是一种后天制成的饮料，它非比寻常，是一种纯粹的造物。根本原因是因为蜂蜜含有高浓度的果糖和葡萄糖，造成的高渗透压使微生物几乎无法生存，但是和水相遇之后降低了糖浓度，在合适的比例下为微生物的生长创造了适宜条件。当人类有意识地开始酿造蜂蜜酒的时候，就是真正酿酒旅程的开始。

蜂蜜酒可以称作是人类社会最古老的酒。同时由于蜂蜜具有防腐功能，蜂蜜酒也因此被赋予了很多神圣的意义。在古斯堪的纳维亚半岛，人们手持头盖骨做的杯子在主神奥丁面前饮用蜂蜜酒，以祈求死后在极乐世界复活；墨西哥地区的古印第安人也将蜂蜜酒用于祭祀仪式。在旧约圣经时代，按照当时的传统，新婚夫妇应该在结婚后一个月内每天晚上喝蜂蜜酒，这样夫妇俩"蜜月"的果实将会在九个月后诞生，婚姻美满的秘密也在于蜂蜜酒，这也成了"蜜月"的来历。

对于想自己动手酿酒的朋友来说，蜂蜜酒真的是最容易、也是最能给你带来惊喜的开始。在春季花蜜采集之后，借助时间和发酵的魔力，让大自然花朵的甜蜜气息在口中绽放。

蜂蜜酒 ▽

开始酿造吧！

原料

蜂蜜 500g

纯净水 1500mL

蜂蜜酒酵母 2g

主要器具

不锈钢锅 1 个

发酵玻璃瓶 1 个
/ 3 ～ 4L /

温度计 1 个
/ 显数 /

水封 1 个

喷壶 1 个
/ 喷洒酒精消毒用 /

电子秤 1 个

摇摆盖玻璃瓶若干

75% 酒精适量

制作步骤 ———————— 制作 2L 蜂蜜酒

1. 器具消毒：

将发酵玻璃瓶浸入水中煮沸 10 分钟，或者放入蒸锅内蒸 5 分钟，放凉备用。参与制备蜂蜜酒的不锈钢锅、电子秤托盘都要洗净，不残留污物和油渍，用 75% 酒精喷洒后备用。

2. 蜂蜜水的制备：

称取蜂蜜，放入不锈钢锅中，加入纯净水，缓慢加热至72℃（温度计测温）保持5分钟（图1~图3）。之后盖上盖子，将锅放入水槽中冷却至室温。

1	2	3
4	5	6

3. 加入酵母：

将冷却好的蜂蜜水倒入灭菌后的玻璃瓶中，用电子秤称取2g蜂蜜酒酵母（电子秤托盘用75%酒精喷洒，用餐巾纸擦干备用，酵母复水方式见P019），倒入蜂蜜水中后，摇匀（图4），瓶口喷洒75%酒精（图5），插上水封发酵（图6）。

4. 发酵：

发酵温度 / 蜂蜜酒发酵温度范围比较大，15 ~ 30℃酵母菌都可以生长。

发酵时间 /15 ~ 21天。接入酵母后，一般会在48小时内看到有气泡产生，蜂蜜水会有些混浊，这都是正常现象，随着发酵进入尾期，酒液会重新变得澄清。

5. 装瓶保存：

发酵结束后的蜂蜜酒可以装入灭菌后的摇摆盖玻璃瓶（灭菌方法见器具消毒）中冷藏保存（2 ~ 6℃）。7天后，你就可以约朋友一起品尝你的杰作了。

『 贴心解答
可能出现的问题 』

Q 制作蜂蜜酒，必须将蜂蜜水灭菌后接入蜂蜜酒酵母才能发酵吗？

A 不一定，如果是从蜂农那里直接采购的蜂蜜，其中会含有耐高渗酵母，加水稀释后也可能会发酵，但是酿制的蜂蜜酒风味不一定很好。采用市售、经过筛选和纯化的蜂蜜酒酵母，具有比较宽泛的发酵温度和酒精耐受度，风味也会更加纯正，可以更好地保证蜂蜜酒发酵的成功概率。

Q 所有种类的蜂蜜都可以用来做蜂蜜酒吗？

A 是的，根据地域、植物和蜜蜂品种的不同，蜂蜜的风味会有不同，都可以用来制作蜂蜜酒。挑选蜂蜜时要注意，蜂蜜呈现液体状或者结晶状都是正常的，但是如果处于静置状态时表面有大量气泡，说明蜂蜜浓度不够，存在已经染菌或者开始发酵的可能，这种蜂蜜不适宜制作蜂蜜酒。

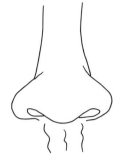

Q 为什么我做的蜂蜜酒有酸臭的味道？

A 有可能是因为蜂蜜水没有很好地灭菌（要注意灭菌温度和时间），也可能是发酵用的玻璃瓶没有充分灭菌，还有可能是复水酵母菌的器具没有消毒彻底，这三种情况都有可能因为污染杂菌导致发酵失败。

Q 蜂蜜酒发酵前 10 天，为什么要每天开盖放气？

A 蜂蜜酒在发酵过程中会产生热量和气体，如果不开盖放气，会有炸瓶危险，所以尽量采用带有水封的玻璃瓶，这样可以省去每天放气的麻烦。

Q 怎么判断发酵已经结束了呢？

A 可以根据发酵时间判断，如果发酵温度为 13～18℃，发酵时间一般是 21 天左右，如果发酵温度是 19～23℃，发酵时间一般是 14～16 天，发酵尾期，酒液没有气泡产生，酒液澄清。

Q 为什么蜂蜜酒经过 14～21 天发酵后，品尝起来还是甜的，没有酒的香气？

A 可能是蜂蜜水冷却温度不够低，蜂蜜酒酵母被烫死了；也有可能是发酵温度过低导致发酵没有开始。不用担心，重新接入酵母，放到温度适宜的地方发酵即可。

Q 酿造蜂蜜酒时可以加入其他水果增加风味吗？

A 当然可以，例如柚子、苹果、柠檬，可以和蜂蜜水一同加热灭菌后过滤掉水果残渣，冷却至发酵温度，接入蜂蜜酒酵母发酵，可以得到带有水果风味的蜂蜜酒。

夏

留存酸的密码：青梅酒

青梅在我国已经有上千年的种植和食用历史，在中国最能代表酸味调味剂的除了米醋就是青梅了。在醋还没有发明之前，青梅就是主要的酸味调料。在中国古代，盐负责咸，梅子负责酸，盐梅之于食物，如同贤臣对于一个朝代一样重要，所以盐梅亦喻指国家所需的贤才。

当说起青梅的时候，相信每个人都会立刻口舌生津。东汉末年，曹操居家设宴款待刘备，一番煮酒论英雄。《三国演义》中曾有对青梅的描写：操曰："适见枝头梅子青青，忽感去年征张绣时，道上缺水，将士皆渴；吾心生一计，以鞭虚指曰：'前面有梅林。'军士闻之，口皆生唾，由是不渴。今见此梅，不可不赏。又值煮酒正熟，故邀使君小亭一会。"玄德心神方定。随至小亭，已设樽俎：盘置青梅，一樽煮酒。二人对坐，开怀畅饮。

青梅是龙脑香科，在我国分布很广，江浙、海南、广东、福建、云南都有种植，此外日本及东南亚等地也有分布。青梅中含有丰富的有机酸和纤维素，它的酸涩使之很难成为水果被人食用，倒是给了它另外一个舞台大放光彩。

翻开历史长卷，就会发现青梅酒一直以来都是有故事的解忧佳酿。三国群雄时代，青梅煮酒论英雄，为它平添几分干云豪气；到了宋朝，人们正式以青梅发酵入酒。苏轼曾低吟"不趁青梅尝煮酒，要看细雨熟黄梅"，晏殊亦写道"青梅煮酒，好趁时新"。待到明清，它又彻底从宫廷流入民间，成为整个江南记忆中的一抹温柔。

后来梅树由长江流域传到日本，梅酒的酿造在日本不断发展，使得日本成为梅酒的酿造大国。在是枝裕和的电影《海街日记》里，梅酒成为电影里的重要载体。院子里的青梅树，仿佛是四季流转的时间刻度，春天复苏的生命终于在初夏时结出果实，摘下青梅泡入酒中，等梅雨季过后，空气里荡漾起梅子酒的酸甜气息。与久违的母亲相见，姐姐的心结始终没有解开，直到告别之际，母亲提起梅酒，她蓦然间像找到亲情纽带。相思寄托在梅子里，浸泡在酒罐，沉淀出岁月的滋味。总记得电影中四姐妹一起动手做梅酒的画面，充满着初夏的感觉。"做完梅酒后，才感觉啊，夏天来了。"

浙江是青梅的产区之一，然而青梅的收获季极短，只在四、五两个月。发酵酿造是人类发明的留存风味的神奇技术，在北方时，生活中鲜有青梅的身影，但身居江南第一年，我们就立刻入乡随俗，赶着最佳时节，酿一壶青梅酒，巧妙地把这美妙的滋味留住。

立夏节气，告别春天，也意味着夏天的开始。万物繁茂，青梅已成，正是酿下青梅酒的好时节。自酿青梅酒，最好的地方是可以尽力选择最好的原材料。精选当地的优质青梅，配合好基酒、好黄糖。在时间与发酵的奇妙作用下，果实原本的酸涩会褪去，原本醇烈的酒味也被良好中和，喝起来相当柔和顺口，留存春日梅子天然的香气，弥漫在唇齿之间。

青梅酒 ▽

开始酿造吧！

原 料

黄冰糖 750g

米烧酒或朗姆酒 5L

食用盐 50g

青梅 2.5kg

主要器具

75% 酒精适量

10L 玻璃瓶 1 个
/ 广口，带龙头/

电子秤 1 个

喷壶 1 个

牙签若干

竹质簸箕 1 个

$\boxed{\text{制作步骤}}$ ———————— **制作 5L 青梅酒**

1	2
3	4

1. 器具消毒

将泡酒用的玻璃瓶浸入水中煮沸 10 分钟，或者放入蒸锅内蒸 5 分钟，放凉备用。
参与制备青梅酒的所有器具都要洗净，不残留污物和油渍，用 75% 酒精喷洒
后备用。

2. 青梅的前处理

挑选 / 将新鲜的青梅洗净，拣出有虫眼和外表有破损的青梅，只保留外观完好、无
虫蛀的。

剔蒂 / 用牙签将青梅果的果蒂剔除（图 1）。

杀青 / 称取 50g 食用盐，撒在青梅表面，拌匀，保证每个青梅都能均匀和盐接触，
用手揉搓 5 分钟后静置 1 小时（图 2）。

阴干 / 杀青后的青梅用清水充分洗净，去除表面盐分，放在竹质簸箕中，放在阴
凉通风处阴干 1 小时（图 3）。

戳洞 / 将手洗净、擦干，用牙签在每个青梅果上均匀戳洞（图 4）。

3. 入瓶

将手洗净、擦干，将青梅果均匀放在已经消毒的玻璃瓶中，撒上一层黄冰糖，再放上一层青梅果，以此类推（图5），直至青梅果全部均匀放入玻璃瓶中，再将余下的黄冰糖全部放入瓶中（图6）。

将准备好的米烧酒或朗姆酒倒入玻璃瓶中（图7），没过青梅果和黄冰糖，用75%酒精喷洒瓶口和瓶盖，再将瓶盖旋紧即可（图8）。

4. 泡制过程

泡制温度 / 室温即可。

泡制时间 / 6个月以上为佳，时间过短，青梅的风味不能充分溶出。在泡制过程中，可以定期晃动玻璃瓶，使冰糖、酒液和青梅充分接触，风味更佳。浸泡好的青梅酒青梅风味突出，颜色呈现诱人的琥珀色。

『贴心解答
可能出现的问题』

Q 为什么要用 56% 和 40% 高含量的蒸馏酒浸泡？可以用低度酒浸泡吗？

A 不一定，高度酒的酒精含量高，酒精作为一种有机溶剂可以更加快速和高效地浸出青梅中的风味物质。如果你的酒量不高，可以选择低度酒浸泡，但是需要更长的浸泡时间。另外，不建议采用浓香型或者酱香型白酒浸泡青梅，白酒的香气会掩盖青梅的风味，建议采用米烧酒、清香型白酒或者伏特加和朗姆酒。

Q 为什么要撒盐杀青？

A 撒盐杀青主要是为了更好地去除青梅的涩味，如果不介意涩味，这一步骤可以省去。

Q 为什么要戳洞？

A 主要是为了更好地溶出青梅的风味，同时浸泡好青梅酒后，青梅的外观依然圆润，而不戳洞的青梅浸泡后外表褶皱。

Q 为什么要用黄冰糖，其他糖类可以吗？

A 当然可以，加入糖主要是为了增加渗透压，降低染菌风险的同时也可以帮助青梅风味溶出。加入黄冰糖除了以上功能之外，还可以增加青梅酒的色泽，使泡好的青梅酒颜色呈现漂亮的琥珀色。也可以尝试白砂糖或者普通的冰糖。

Q 在浸泡过程中，为什么青梅会渐渐浮在酒液表面？

A 这是因为冰糖沉到瓶底溶解之后，酒液密度不断增加，青梅相对浮力增加，所以漂浮起来。可以晃动玻璃罐使液体浓度均匀，青梅就会沉下来。

秋

时间与生命：苹果酒

　　水果因为富含糖分，经过天然发酵就能制成美酒。也可以说，发酵酿酒是让水果保持永生的一种人类绝招。用苹果酿造的含酒精饮料苹果酒，音译为"西达"，它是世界上第二大水果发酵酒。

　　当罗马人在公元前55年入侵英格兰的时候，他们发现当地人已经在享用苹果酒了，在那之前，苹果树已经从哈萨克斯坦附近的森林里被迁移出来，种遍了欧洲和亚洲，而后来的发酵和蒸馏工艺是在英格兰南部、法国和西班牙得到完善。16世纪后期，在诺曼底已经有至少65种得到命名的苹果品种。几百年来，很多最适合用来酿造苹果酒的品种都来自这一地区，它们全都是凭借对产量以及酸度、单宁、芳香物质和甜度的平衡脱颖而出。

　　相信在所有水果中，苹果是每个人最早接触到的品种，它平淡、日常。然而苹果又是所有水果中最奇怪的一种。苹果授粉传播的方式决定了它的种子会和它的子代和亲本完全不同。从这一点上来说，每个苹果都是完全不同的品种。苹果基因组含有5.7万个基因，这比人类的2万到2.5万个基因的两倍还多，苹果树在地球上有5500万年到6500万年的历史了，它们出现的时候，差不多就是恐龙灭绝、灵长目动物登场的时候，几千万年来，苹果树在没有人类干涉的情况下自由生长繁殖着，把它们复杂的基因不断重组。

　　苹果这最普通的水果在古老的神话中充满深意，关于苹果也有很多传说和故事：在北欧神话中苹果是青春之果，由居住在阿斯加德园里的青春之神伊敦保管，园中所有神祇都要定期到她那里吃一点苹果，才能永葆年轻，避免像凡人一样衰老死亡。希腊神话中的苹果则是以金苹果的形态出现。金苹果最早出现是在宙斯和赫拉的婚礼上。随后一个上面写着"送给最美的女神"的金苹果，则在人类英雄帕琉斯和海洋女神忒提斯的婚礼上出现。虽然由其连锁反应引发了特洛伊战争，但爱神阿芙罗狄忒一直很喜欢这个金苹果，苹果也因此成了爱情的象征。因为苹果的"苹"字和"平"同音，所以在我国，吃苹果也有解作"平平安安"的说法。

当灵长目动物以及后来的早期人类碰到一棵新苹果树并且咬食果实的时候，他们不会知道这些果子会有什么样的用途，幸运的是我们的祖先还是发现，哪怕味道糟糕的苹果也能酿出好酒。酿造苹果酒不像葡萄酒那样需要太多复杂的工序。英国是世界上最大的苹果西达酒生产国家，苹果酒在英国有几百年的酿造史。曾有英国媒体报道，皇室成员威廉王子喜欢喝乡村酿造的苹果酒，在当下它也受到更多年轻人的喜爱：它像香槟一样，有着美丽的气泡，口感清新，酒精度低，适口感非常好。

不过苹果能酿造的可不只是苹果酒，还有一种叫作"苹果酒生命水"的烈酒，即苹果白兰地。美国在 1780 年给新泽西的"莱尔德及其合伙人蒸馏坊"颁布了第一个蒸馏许可证，正是自家种植的苹果酿造的苹果烈酒。据说乔治·华盛顿很喜欢这种酒，曾向他们索取配方，在他的农场自行酿造。

我国是世界上最大的苹果生产国和消费国，苹果种植面积和产量均占世界总量的 40% 以上，在世界苹果产业中占有重要地位。我国有黄土高原、渤海湾、黄河故道和西南冷凉高地四大苹果产区，根据气候和生态适宜标准，西北黄土高原产区和渤海湾产区是最适宜苹果种植的产区。苹果酒虽然在我国没有悠久的历史，但在当下却收获了很多年轻的爱好者。越来越多的年轻人在喝到第一口苹果酒时会深深记下这个特别的味道。秋天是苹果丰收的季节，如果你也想品尝苹果酒的滋味，我们就开始自己制作吧。

苹果酒 ▽

开始酿造吧！

原料

苹果 600g

白砂糖 75g

纯净水 400mL

苹果酒酵母 1g

主要器具

玻璃烧杯 1 个

过滤网 1 个

75% 酒精适量

电子秤 1 台

不锈钢案板 1 个

不锈钢刀 1 个

摇摆盖玻璃瓶若干

不锈钢锅 1 个

发酵罐 1 个

制作步骤 ———————— **制作 1L 苹果酒**

1	2
3	4

1. 器具消毒

将发酵用玻璃瓶浸入水中煮沸 10 分钟，或者放入蒸锅内蒸 5 分钟，放凉备用。
参与制备苹果酒的不锈钢锅、案板、不锈钢刀、电子秤托盘都要洗净，不残留污
物和油渍，用 75% 酒精喷洒后备用。

2. 苹果的前处理

挑选 / 将新鲜的苹果洗净，挑出有虫眼和外表有破损的苹果，只保留外观完好无虫
蛀的（图 1 ）。

杀青 / 煮一锅沸水，将苹果置入其中，将果实凹陷处的灰尘洗净，并完成表面杀菌，
持续 60 秒（图 2 ）。

切块、去核 / 将苹果在洗净的不锈钢案板上切成薄片（图 3 ），去除苹果核，再切成
均匀的小块，约 1cm 见方（图 4 ）。

3. 入瓶发酵

加糖 / 将切好的苹果块放入已经灭菌过的发酵罐中，加入75g白砂糖（图5）。

补水 / 按照苹果与水6∶4的比例加入400mL纯净水（图6）。

接种酵母 / 用电子秤称量好1g苹果酒酵母，复水后倒入发酵罐中（酵母复水方式见P019）（图7）。

摇匀 / 将发酵罐的盖子盖好后，用力摇晃，使果肉、糖、汁液和酵母充分混合。

发酵温度 / 18 ~ 25℃。

发酵时间 / 15 ~ 21天，前10天要每天开盖放气3次，之后每天开盖放气一两次。根据温度，可以适当延长或者缩短发酵时间。

4. 过滤导瓶

将80目过滤网和另一个玻璃烧杯在沸水中浸烫10分钟后放凉待用。发酵15 ~ 21天后，用过滤网将酒液过滤出来（图8），再倒入发酵罐中继续发酵（图9）。

5. 后熟

转瓶后再继续放置10天左右，后熟完成。

6. 装瓶

将后熟过后的酒液倒入消毒好（图10）的摇摆盖玻璃瓶中（图11），放入冰箱冷藏保存即可（图12）。

『贴心解答
可能出现的问题』

Q 所有品种的苹果都可以做苹果酒吗?

A 苹果本身的含糖量较低,酿酒过程中酵母吃掉糖后会转化为酒精和二氧化碳,所以尽量选择新鲜、汁水多、甜度较高的苹果制作苹果酒。

Q 为什么制作苹果酒也要杀青?

A 苹果杀青的目的是使果肉质地软化,抑制氧化酶,使果肉不容易褐变,去除不良气味以及降低野生酵母及其他微生物的生长,以利于苹果酵母的生长。

Q 为什么要挖去苹果果核?

A 苹果果核可能有霉菌存在,有时肉眼无法判别,所以建议去除果核。

Q 为什么酿造苹果酒要加水?

A 加水是为了降低酸度,为酵母提供好的生长环境,同时也可以提高出酒率。

Q 为什么酿造苹果酒要加糖?

A 加糖是为酵母菌生长提供营养,增加酵母菌数量,抑制杂菌生长。同时也可以提高成品酒的酒精含量。

Q 过滤酒液的时候需要注意什么?

A 过滤时一定要先将过滤网、玻璃罐做好消毒。手也要洗净、擦干,喷洒 75% 酒精消毒。过滤的时候尽量不要挤压果肉,让液体自然流出为宜,虽然影响出酒率,但是这样做酒体口感比较好。

Q 为什么要另外加入苹果酒酵母?

A 这样可以迅速使酵母菌成为优势菌群,避免其他杂菌生长,提高酿造的成功率。

冬

秋冬好时节：米酒

稻米是什么？是人类种植历史最悠久的农作物，是我们每天赖以生存、获得能量的食物。葡萄酒的故乡是欧洲，而米酒的故乡正是中国。我国古人一直有喝米酒的习惯。在日常生活中，无论是祭祀天地、祖先还是庆贺征战或农业丰收，米酒都是必不可少的。我们离开北京后移居大理，又在江南生活两年，因为离土地近，对那些原本离生活很远的春耕秋收，感受则更为真切。

稻米的成长过程与人一样，充满许多不确定的因素。在中国古代，为了祈求风调雨顺、五谷丰登，仪式经过一代代的延续成为节日。插秧节开秧门是南方许多稻作农耕地区的一项祭祀活动，据传起源于东汉，但随着时代的发展在不少地区都已淡化。水稻是云南夏季的主要作物，在云南大理，插秧节在一些村落被保留下来，而且有着独特的民族风情。每年五月春夏之交，喜洲的放水插秧成为田间祭祀一个很有代表性的景观符号，田地间秧旗飘飘、锣鼓喧嚣，好不热闹。

提前用松枝扎好的秧门早早立在田间。第一个环节正是欢庆开秧门。秧官是整个仪式的核心，要在村中享有威信，要熟悉民俗礼仪。祈福仪式有一整套祭祀活动，焚香点烛、载歌载舞、诵经、放鞭炮、舞龙等环节，寓意着"风调雨顺、五谷丰登"。

插秧节一定会有诵经，祈祷来年的丰收。大理境内白族老年妇女都有自己的组织叫拜经会，在本主节和各种盛大仪式时，都要诵经。曲调就是"诵经调"，配以木鱼等敲击乐器，古雅、庄重、深沉、动听，非常有民族特色。盛装在身的白族大姐在田间唱着歌插起秧苗，带着对丰收的期盼，种下心中的希望。祈福的仪式结束，就进入了本年正式的插秧环节。

五月下秧，九月丰收。土地完整的故事在时间里完成，大理地处高原，秋分过后就迎来了坝子里的丰收时刻。这个时刻，首先与美相连。雨季结束，天空高远，不时飘浮着大团大团的白色云朵。苍山洱海于是成为天然的画布，这片闪耀的黄点缀其间，那一片片金黄的稻田，满是沉甸甸的稻穗，在微风中低垂，成就一幅绝美的画卷。同一处坝子，与春季是完全不同的景致。十月收割期，田间处处洋溢着丰收的喜悦。江南因为纬度比云南低，收割可以持续到霜降之前，田园村落一片金黄，处处展现着丰收的喜悦。

稻米也叫稻或水稻，一年生草本植物，性喜温湿。我国是水稻的发源地之一，种植水稻已有7000多年历史，产量和种植面积均居世界第一位。我国稻产区主要集中在东北地区、长江流域和珠江流域。稻米按它的生长期、粒形和粒质分为早籼稻米、晚籼稻米、粳稻米、籼糯稻米、粳糯稻米五类。

用稻米做成的发酵饮料相当多，而米酒可能最为大众所知，广西壮族自治区出产的三花酒，浙江省出产的黄酒，四川甜米酒都是用稻米酿制的。此外，日本米酒类的清酒，其国际知名度也相当高。

中国人利用生活中的智慧，使大米在酒曲的作用下，糖化与酵母发酵协同发生，酿造出米酒。我国酿制米酒的历史已有上千年，江南一带古来就是鱼米之乡，发酵酿造是人类保存味道的方法，用当年收获的新米酿造新酒，也是一个传承多年的风俗。酿造米酒的最佳季节在冬季，例如我国的绍兴黄酒，始于立冬终于立春，称之为冬酿。据说只有在冬季酿造的黄酒最为香醇，其他三季酿造的黄酒品质较差。还有苏州的冬酿酒。早在2500年前，苏州还是吴国都城的时

米酒△

候，就沿用周朝历法，把冬至算作新年的第一天，冬至前夜就是大年夜。每年 12 月 10 日，老字号元大昌零拷的冬酿上市，一直卖到冬至当天。冬酿酒虽然只卖 10 天，却在 2 个月前，新糯米熟、桂花落、栀子结果的时候，就开始酿了。冬酿酒，也有说法叫东阳酒，但无论名称几何，都是糯米酿的酒。再有西安稠酒，同样也是米酒，早在盛唐之时就已遍布长安，朝野上下，莫不嗜饮。另外比较特别的酒款是红曲米酒，南宋朱翼中的制曲酿酒专著《北山酒经》记述了当时酿酒工艺的发展和改进。红曲的发现和应用是宋代制曲酿酒的一个重大发展。红曲的菌种是红曲霉，它是一种

耐高温、糖化能力强，又有酒精发酵力的霉菌。到明代时，李时珍的《本草纲目》和宋应星的《天工开物》都有红曲的制法和应用的记载。福建、浙江、台湾等地酿造的红曲黄酒风味各异，各有所爱。

米酒酿造中的酒曲，是人们试图捕捉和驯化微生物最古老而有效的尝试，是米酒酿造中的重要根基，所以有说法："曲为酒之骨，粮为酒之肉"。米酒，是中国传统酒文化的独特存在，绵远而悠长，另外因为家中即可自酿，有着诸多乐趣可寻，也是它活跃至今的原因。在寒冷冬日开始前，收新米酿造，带着今年丰收的喜悦，向新的一年迈进吧。

开始酿造吧！

原料

米酒曲 1 粒

糯米 2kg

纯净水 2L

主要器具

发酵缸 1 个

喷壶 1 个

棉布袋 1 个

75% 酒精适量

酒提 1 个

木铲 1 个

带盖不锈钢锅 / 带蒸屉 /

摇摆盖玻璃瓶 8 个

不锈钢勺 1 个

竹质簸箕

竹编酒篓 1 个

电子秤 1 台

<table>
<tr><td>1</td><td>2</td><td>3</td></tr>
<tr><td>4</td><td>5</td><td>6</td></tr>
</table>

1. 器具消毒

将发酵用发酵缸和不锈钢勺浸入水中煮沸 10 分钟，或者放入蒸锅内蒸 5 分钟，放凉备用。参与制备米酒的木铲、勺子、电子秤托盘都要洗净，不残留污物和油渍，用 75% 酒精喷洒后备用。

2. 糯米的前处理

洗米 / 用清水反复清洗糯米三四次，洗米时要反复揉搓米粒，将表面杂质彻底清洗干净（图 1 ）。

浸泡 / 加水没过糯米 15cm，冬季浸泡 12 小时（图 2 ）。

蒸饭 / 将浸泡好的糯米用水洗净，装入棉布袋中沥干后上蒸锅蒸制 45 ~ 60 分钟，直至糯米全部蒸熟（图 3 ）。

摊凉 / 将蒸好的糯米饭倒入竹质簸箕中铺平摊凉，可以隔几分钟用消毒过的木铲翻动并加入凉开水，使米饭降温并打散米粒，直至米饭温度降低至室温即可（图 4 ）。

3. 拌曲

将 1 粒米酒曲放入两层保鲜袋中，用擀面杖或其他硬物隔袋压碎，再用消毒过的不锈钢勺将米酒曲均匀撒在摊凉的糯米饭上（图 5），并不断搅拌，使酒曲和米饭均匀接触。

4. 发酵

入罐发酵 / 将拌好酒曲的米饭放入已经消毒的发酵缸中，表面再撒一些酒曲（图 6）。

糯米糖化 / 冬季酿造的前 7 天发酵温度为 20 ~ 23℃，7 天后可以看到发酵缸中开始出汁，说明糯米糖化正常。

加水发酵 / 7 天后加入纯净水（图 7），发酵温度为 15℃，发酵 21 天。

5. 过滤酒液

发酵 21 天后可以闻到明显的米酒香气，可以将洗净、沥干的竹编酒篓慢慢插入酒糟中，用酒提舀出酒液（图 8），如果想提高出酒率，最后剩下的酒糟可以装入棉布袋中，滤出酒液（图 9）。

6. 煮酒

将所有酒液收集在一起，用带盖不锈钢锅加热至 68℃，保持 15 ~ 20 分钟（图 10），趁热装入清洗、消毒后的玻璃瓶中（图 11），冷藏保存即可（图 12）。

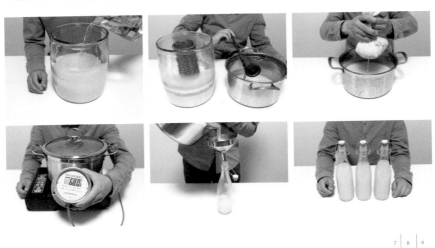

7	8	9
10	11	12

『贴心解答
可能出现的问题 』

Q 为什么要用糯米做米酒，其他米不可以吗？

A 我国目前日常食用的米有籼米、粳米与糯米。三种米都可以做米酒，但是糯米支链淀粉含量高，所以蒸熟后黏度较高，而支链淀粉含量高，导致吸水率也很高，有利于淀粉糊化和后续的糖化作用。糖化越充分发酵后酒精含量也越高。所以多采用糯米为原料酿制米酒。

Q 为什么要充分清洗糯米？

A 清洗可以去除附着在米粒表面的米糠和米屑，清洗过后的米粒在蒸米时可以很好地分散，不粘连。

Q 为什么要浸泡糯米？

A 浸泡是为了蒸饭时糊化过程中所需的水分充足，如果浸泡不充分，米粒水分含量不足，淀粉糊化效果就不好。

Q 为什么要蒸饭？

A 蒸饭是为了使糯米中的淀粉充分糊化，糊化后的淀粉才可以被根霉分泌的淀粉酶充分水解为酵母可以利用的单糖。所以蒸饭是非常重要的步骤。

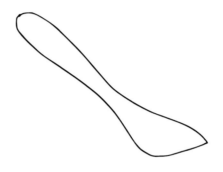

Q 米要蒸到什么程度算合格呢？

A 因为蒸煮环境不同，较难明确蒸煮时间的标准，一般来说一定要把米完全蒸熟、蒸透，大约需要 45 分钟以上，米心没有夹生为准。

Q 为什么要等米饭摊凉到室温再拌酒曲？

A 如果米饭温度太高，撒入酒曲后，微生物会被烫死，导致发酵失败。

Q 发酵结束，过滤后的米酒为什么要煮酒？

A 煮酒是为了终止发酵，防止酒体变酸，固定酒品质的同时延长保质期。

Q 为什么发酵 7 天后要加入水继续发酵？

A 加入水是为了提高出酒率，同时有利于厌氧发酵，提高酒精度。

水果乐园
酿造升级

○

○

○

○　　**首先了解水果的特性**

　　花开有时，果熟有时，一年四季皆有丰富的水果成熟，碰到喜欢的水果，我总想着是不是可以拿来酿酒呢？酿造如同魔法，让本来的味道有了新的风味，同时通过不断地摸索，还能创作出属于个人风格的酒，何乐而不为？

　　自己酿酒还有个好处，就是清楚原料来源及酒中的成分。居家酿造不添加任何防腐剂等化学成分，结合时令水果原料进行酿造，拥有更加健康的酒饮感受。

　　酿造水果酒时，首先要掌握水果的特性，这样才可以酿出具有风味特点的水果纯酿酒。除了常用的葡萄，前面提到的苹果，还有很多水果都可以酿出美味的酒，比如樱桃、李子、荔枝、凤梨、火龙果等。它们既可以单独酿造，也可以与不同水果相互搭配。

　　每种水果都有自己的特色，但水果酿造酒的技术与原理是相似的，有兴趣的朋友很容易做到触类旁通。所有过程都依此流程进行：选择原料—清洗—前处理（去梗、去皮、切块）—称重—发酵液的调和—控温发酵—初过滤—静置熟成—澄清—细过滤—熟成—装瓶—调配饮用。掌握关键的几点原则：活性良好的酿酒酵母菌，提供友善（偏酸、含糖、微凉、厌氧状态、干净）的酿造环境，加上多次小型试验，你一定能酿出令人欣喜的果酒作品。

『 贴心解答
可能出现的问题 』

Q 用什么指标来评估这种水果更适合酿酒呢?

A 美妙的果香是水果酿造酒受到大家喜爱的重要原因,因此避免选择果香辨识度低的水果。比较适合的水果,推荐香气足的荔枝、凤梨、百香果、草莓等。

Q 酿造对于气温有什么限制?什么季节都可以酿酒吗?

A 酵母需要友善的环境和适宜的温度,一般来说低温在 7℃,高温在 35℃,气温太低,酵母会失去活性;气温太高,酒品容易腐败。掌握这个温度范围即可。

Q 水果是越成熟越好吗?

A 选择水果建议不要选用过熟的水果,首先,成熟度高的水果容易伴随较多杂菌,可能导致污染与腐败;其次,风味及品质也因而难以控制,造成酿造成品品质上的不稳定。

Q 到底是用果汁还是用果肉来酿酒?

A 酿造果酒的原料可以分为"果肉"和"果汁"。基本原则是果汁酿造,建议选择高糖度、高酸度或高榨汁率的水果,比如柠檬、百香果。具体操作时可以根据水果的类型选择不同的处理方式:例如,梨、梅子、葡萄、桃子就是不去皮果肉型,也就是说这些水果不去皮就可以食用,要注意的是,带皮果肉发酵的水果,要先将水果在开水中滚 30 秒杀青后再切块;另外,例如菠萝、杧果、荔枝、火龙这些水果就要用去皮后的果肉酿酒。其他水果主要利用汁水酿酒,例如,橙子、甘蔗、椰子等。大家可以发现,上述这些水果都是含糖高同时汁水丰富的水果。

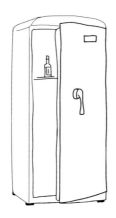

Q 水果如何清洗最合适?

A 清洗主要是要去除水果表面的尘土及部分农药,同时也可以在清洗过程中挑出腐败的水果及杂物。可以先用自来水清洗,接着用干净的凉开水漂洗,降低各种微生物的数量。

Q 在酿造水果酒的过程中最重要的是什么?

A 最重要的当然是消毒,这是酿制是否成功的关键,最好选择玻璃容器作为发酵器皿。塑料器具容易有刮痕,这些刮痕是细菌的温床。所有和发酵有关器具都应该进行消毒,用开水煮 10 分钟就可以达到很好的效果。在操作过程中用 75% 酒精喷洒器皿表面和手也是很好的做法。

Q 在果酒酿造过程中需要注意什么?

A 首先根据容器大小,以不超过八分满的原则决定水果用量。其次,在发酵过程中一定记得定期搅拌,这么做主要是因为果酒在发酵过程中会产生二氧化碳,从而使果肉或者果渣上浮到液体表面,特别容易滋生醋酸菌或者霉菌。如果不搅拌,酿制的美酒可能会变成醋。最后,经过 15 天的主发酵期,用消过毒的纱布或者滤网过滤酒液,静置三周后,再用消过毒的纱布或者滤网进行第二次过滤。

Q 果酒酿制完成后,怎么保存?

A 发酵完成后经过过滤、静置熟成和细过滤,可以将果酒装瓶,在 70℃ 的水中水浴 30 分钟 (瓶子不密封),将酒中的微生物杀灭,然后盖好盖子,放入冰箱保存。这样可以很好地保持酒的品质。如果酿的酒量不大,可以一次喝完,那么就可以省去此步骤。

酿造啤酒
与时间做朋友

Chapter

03

啤酒，或许是每个人最早接触的酒，它的酒精度数低，是餐桌上常在的朋友。特别是在炎炎夏日，一杯有着美好泡沫的冰啤酒，让炎热都能变成件美好的事。

因为它过于平常，似乎总是不被深入关注。那么啤酒是如何被酿造出来的？要知道啤酒的酿造历史与人类耕种的历史一样久远。麦芽、啤酒花、酵母、水，这四大元素在人类的酿造技艺下，生产出一种持久的、给人带来欢乐的酒精饮料。在古代，人们用陶罐、木桶酿造啤酒；到了工业时代，人们可以通过自动化的生产线来酿造啤酒；而在复兴手工酿造啤酒的当下，大家又为啤酒赋予了丰富的个性。酿造啤酒和其他烹饪过程一样简单，需要的仅仅是一点耐心和一些好奇心。一旦开始，你会成为朋友中最特别的那个，当第一次酿造出属于自己的啤酒时，你将从中获得极大的满足感。现在就踏入这美妙的世界，让我们重新了解这伟大的饮品，感受它丰富的过去、现在与未来。

啤酒酿造史，
凝聚人类的文明史

　　在酿造的世界里，啤酒诞生的时间很早，毫不夸张地说，它一直伴随着人类历史的演进，这金黄色拥有迷人泡沫的饮品，寄托着人们对酒精产生的快乐的追逐，承载着人们对味道喜好的变化，在不同时代它又肩负着不同的文化意义。因为啤酒太过丰富多样，所以在开始酿造之前，有必要了解下故事的主角，让你真正爱上它。

　　啤酒诞生于何地？这要从一位苏美尔诗人写下的一首感情丰富的颂歌中找到答案，他赞美苏美尔人的啤酒女神宁卡斯，"当你从酒桶中倒出滤后的澄澈酒液，它们奔流犹如底格里斯河和幼发拉底河的泉涌。"穿越茫茫沙漠，底格里斯河和幼发拉底河的河谷之间，这片孕育生命与文化的大地叫作美索不达米亚平原，这片区域已有9000多年的大麦种植历史，这也正是啤酒最早的诞生之地。苏美尔人非常喜欢啤酒，称之为"kas"，意思是"嘴巴渴望的东西"。他们酿造、销售并积极赞美它，这种用大麦饼制成的神奇酒饮，满足着人们的渴望。美索不达米亚平原后续的征服者，古巴比伦的伟大国王汉谟拉比甚至在为老百姓制定的法典里，为啤酒酿酒者、啤酒经营酒馆制定了相关的行业约束。随着文明的行进，埃及登上历史舞台，成为耀眼的明星。啤酒是埃及人生活中不可缺少的一部分，埃及人认为啤酒拯救了人类，他们在哈托尔神庙举办醉酒节，以此来纪念神奇的啤酒。那恰巧也是尼罗河的汛期，全城的权贵富贾、潮男潮女会穿上最体面的华服云集此处，场面蔚为壮观。人群彻夜饮酒，吟诗歌唱，只等黎明第一缕光线照进神庙时从宿醉中醒来，看到女神哈托尔，感受这神秘的完美时刻。2021年2月13日，埃及南部出土了一座5000多年前的啤酒厂，据考古专家分析，这可能是目前已知最古老的啤酒厂，同时也论证了当时的埃及已有规模化的啤酒酿造事实。

随后的世界霸主，希腊人和罗马人对麦芽饮料不感兴趣，在他们看来，神圣的葡萄酒才是酒神赐给凡人的礼物。但从凯撒大帝时期开始，罗马军团四处出征，将征服的步伐从高卢挺进到不列颠。这些罗马帝国的边缘地带，也就是欧洲大陆的北部天气寒冷，无法种植葡萄，却是大麦的绝佳种植地。比如爱尔兰岛上生活的凯尔特人就一直保留着啤酒酿造和饮用的传统。在基督信仰于爱尔兰扎根发展的几个世纪里，爱尔兰成为欧洲传教士最多的国家之一，传教士们把传播信仰和啤酒传统紧密结合起来，形成当时被提倡的生活方式，他们在欧洲大陆积极活动，自然也将啤酒的酿造和饮用习惯传递到无数地方。随着罗马帝国的衰落，德国、捷克、英国、比利时这些国家迅速崛起，开始书写自己的历史，也将啤酒从葡萄酒的鄙视链中拉回餐桌。酒精对人类的影响无疑是由于它激发了人类天性中神秘的力量，所以在每个时代，它都与人类相伴。在暗淡无光的中世纪，啤酒是比水更健康的生存饮品。

啤酒纯净法 △

到了文艺复兴时期的欧洲，人们通过诗歌、雕塑、建筑、绘画、书籍来表达内心的喜悦，啤酒与葡萄酒一样滋养着艺术家们的创作能量。

在好奇心的驱动下，欧洲大陆上的人们对啤酒的探索也在继续前行。在公元1000年前，啤酒中还没有啤酒花的身

油画《农民的婚礼》 △

影，据专业研究显示，第一批啤酒花啤酒现身于德国北部城市不来梅，大约在公元1000年。伴随着城市越来越大，城市里的酒吧越来越多，欧洲的啤酒产量、销量迎来了爆发期。这也造成啤酒酿造市场出现鱼龙混杂的局面，巴伐利亚大公威廉四世于1516年颁布了《啤酒纯净法》，规定所有啤酒酿造商只允许用大麦芽、啤酒花和水为原料制作。这一法律被誉为是当今世界上"第一条食品卫生法令"，它的诞生也为德国啤酒的后世主流风格奠定了基础。

啤酒书写着地域特有的文明故事，在比利时和英格兰又是另一番景象。

比利时从未有过《啤酒纯净法》，这也意味着他们从未把欧洲酿酒业中添加香料、草药等这些古老传统摒弃。佛兰德文艺复兴时期的著名画家勃鲁盖尔出生在今天比利时与荷兰交界处的林堡省，在安特卫普学习美术期间，他把身边农民的生活画到了画布上。搬到布鲁塞尔以后，喝啤酒的景象就更多地出现在他的画中。在油画《农民的婚礼》中，啤酒的角色就非常突出，长长的婚礼餐桌边坐着各种宾客，喝啤酒的人总能自得其乐。比利时啤酒的历史可以追溯到中世纪，布鲁塞尔地区生产的野生发酵酸啤兰比克啤酒是非常典型的比利时啤酒。同时当今流行的比利时白啤也有着悠久的历史，而代表着今日比利时啤酒形象的高浓度精品啤酒诞生于20世纪20~30

典型的野生发酵酸啤兰克啤酒 △

典型的野生发酵酸啤兰克啤酒 △

古老的比利时酿造设备 △

年代。在欧洲，传统酿酒地区"皮尔森化"（1842 年诞生于捷克皮尔森的淡色、爽口的啤酒风格），由于出口市场的活跃，丰富的手工精酿啤酒得以在比利时留存，为美国复苏传统手工精酿留下丰富的啤酒遗产。2016 年，比利时啤酒酿造文化被联合国教科文组织认定为非物质文化遗产，这个有着悠久历史的个性化啤酒产地再次被全世界认可。

在有着悠久麦酒历史的英格兰，啤酒与人们的生活息息相关，劳作之余喝酒，教堂活动喝酒，居家酿酒喝酒都是日常。英国和爱尔兰的啤酒主流是上层

发酵的艾尔啤酒。在中世纪的英格兰，啤酒的保质期非常短，两三天后就会变质。1500 年，啤酒花啤酒伴随着移民登陆英格兰岛。100 年后，英格兰所有的啤酒中都使用一定量的啤酒花。啤酒花啤酒口感更好，最重要的是它具有绝佳的防腐功能，可以让啤酒保存一年左右。因此啤酒可以大量生产，各大城市开办酿酒厂，英国著名的乡村啤酒屋也如雨后春笋般涌现，门口悬挂着代表有酒可售的棍子标记，店门大开，燃着熊熊炉火，摆放着可以解忧的木桶艾尔，这是人类学家称之的"第三空间"。科技的进

巴斯德△

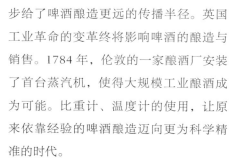

英国最古老的酒吧△

步给了啤酒酿造更远的传播半径。英国工业革命的变革终将影响啤酒的酿造与销售。1784年，伦敦的一家酿酒厂安装了首台蒸汽机，使得大规模工业酿酒成为可能。比重计、温度计的使用，让原来依靠经验的啤酒酿造迈向更为科学精准的时代。

在19世纪，影响近代啤酒走向的几项科技发明诞生了，这些技术彻底决定了如今主流啤酒的发展形态。1873年，德国工程师、化学家卡尔·冯·林德发明了以氨为制冷剂的冷冻机，产生制冷作用。林德首先将他的发明用于威斯巴登市塞杜马尔酿酒厂，这一发明使得原本只有冬季才能进行的酿酒不受季节限制，可以全年进行。第二个发明是通过显微镜发现酵母菌的微生物学科的奠基者巴斯德，证明发酵是酵母代谢产生的结果。经过反复多次的试验，他找到了

可以杀死对保质期有害的微生物，同时不破坏啤酒特性的方法。1876年，巴斯德在著作《啤酒的研究》中阐述了他的研究，一个简便有效的方法：只要把酒放在57.2℃的环境里半小时，就可杀死酒里的乳酸菌，这就是著名的"巴斯德杀菌法"。这项伟大的发明使得啤酒的保存时间延长，运送范围扩大，在轮船、铁路的运输下，啤酒能够到达曾经无法企及的遥远地方。丹麦哥本哈根的嘉士伯酿酒厂在巴斯德研究的基础上，在1883年成功培育出完全没有微生物的纯净酵母，使得大量生产品质稳定且优良的啤酒成为可能。

啤酒是反映人类历史的一面镜子，其中的人类迁移史和殖民史是非常重要的组成部分。1607年，伦敦的弗吉尼亚公司在北美建立了第一个英国殖民地。在17世纪，英国在缅因和南北卡罗莱纳之间建立了十来个小殖民地，同时也带来了啤酒。1842年，第一个金黄色拉格啤酒诞生在波西米亚的皮尔森。1850年，

德国移民酿造师将拉格啤酒工艺引入美国。美国现代酿造是新技术的发展体现，它得益于商业制冷、自动装瓶和铁路运输的贡献，逐渐从乡村走向了广阔的城市，随后进入工业化的巨兽时代，啤酒被大量生产并运往更遥远的海外市场。

诞生于欧洲的啤酒开始出现在亚洲，与欧洲各国对亚洲地区的殖民统治历史有关。18 世纪 60 年代，英国殖民统治印度，增加了麦芽浓度、啤酒花用量的印度淡色艾尔啤酒（IPA）传入印度。19 世纪后期，代表世涛风格的"健力士"品牌从英国出口到斯里兰卡，并在当地建立了雄狮酒厂。

日本的啤酒酿造大约从明治时代开始。日本历史上最早酿造啤酒的地方在横滨，明治维新之后，日本出现了大大小小

共 100 余家啤酒厂。公认的日本第一家酒厂，是美国人威廉·科普兰（William Copeland）在 1870 年（明治 3 年）创立于横滨市山手 46 番的春谷啤酒厂（Spring Valley Brewery），这也是现在麒麟啤酒厂的前身。

科普兰当时销售啤酒原料和酿酒机器，也对日本人进行指导，算是日本啤酒产业的引路人。1877 年（明治 10 年），札幌啤酒的前身开拓使麦酒酒厂开始销售啤酒，标志为象征开拓使的北极星。

1887 年（明治 20 年）日本麦酒酿造公司开始投入生产的惠比寿啤酒，在 1890 年上市销售，并在 1900 年的巴黎万国博览会上斩获金奖。1889 年（明治 22 年），朝日麦酒株式会社的前身大阪麦酒会社成立。几大日本大型啤酒酿酒公

惠比寿啤酒 △

青岛啤酒 △

司陆续成立，也迎来了日本啤酒产业的兴隆期。1907 年，麒麟啤酒由日本制酒公司演变而来正式成立，这家公司也是日本首家生产销售给一般民众啤酒的企业，堪称日本啤酒产业的先驱。第二次世界大战期间，啤酒成为配给品，各品牌都暂停了市场销售。直到战后，啤酒厂很快投入生产，随着日本经济的复苏，新型的生活方式迅速流行，啤酒也成为日本人生活中的一种普通饮品，而日本啤酒产业同时进入到大型公司垄断市场的局面。

鸦片战争的硝烟滚滚，啤酒厂出现在华夏大地。1900 年，俄国人在哈尔滨建立了乌卢布列夫斯基啤酒厂，这是中国第一家啤酒厂，之后外国人又陆续在天津、北京、上海和青岛等地建立起啤酒厂。1903 年德国的投资者建立了"日

耳曼啤酒公司青岛股份公司"，当时设备和原材料都是直接从德国进口，生产的皮尔森啤酒和黑啤提供给当地的欧洲人。第一次世界大战后，日本的麦酒株式会社收购了该公司，日本战败后，青岛啤酒的经营权终于回到中国人手中，后更名为"国营青岛啤酒厂"，啤酒这种外来的酒饮开始走进中国普通人的生活中。后来国人也相继建立了自己的啤酒厂，例如 1914 年在北京建立的双合盛啤酒厂，烟台的醴泉啤酒厂和广州的五羊啤酒厂。截至 1949 年，全国啤酒年产量不足万吨，到了 1993 年，我国啤酒产量超越德国，在此后 8 年时间里一直稳居世界第二位；2002 年正式超越美国，跃居世界第一。中国用了短短的 100 年，成为名副其实的啤酒大国。

手工精酿啤酒时代，
开启个性的表达

　　作为酿造工业的代表典范，啤酒工业可以说是工业化思维下具有典型性的案例。追求效率的工业革命推动了社会的发展，但同时也造就了工业啤酒消灭了小型酿酒坊，在市场独大的格局。啤酒工业化后，啤酒的品类开始集中化，具有典型性的代表啤酒品类就是拉格啤酒，也是如今中国市面上最为常见的品种。

　　拉格啤酒（Lager），语源来自德语的"储存"，是一种酵母在发酵桶底层低温发酵而来的啤酒。拉格啤酒发酵温度低、时间长，生产出的酒体更为澄澈清亮，同时能够标准化、大规模生产。我们日常喝的青岛、燕京、雪花、百威、嘉士伯等啤酒品牌都属于拉格啤酒。

　　任何一个真正热爱啤酒的人都不会满足于传统啤酒千篇一律的味道。当舌头对传统大厂生产的啤酒感到味觉疲劳时，手工精酿啤酒的出现似乎点燃了人们对啤酒的灵感与激情。

　　啤酒文化的发展不同，也造就了每个地区精酿啤酒的崛起路径不尽相同，但其本质又是一样的——这其实不单单

△精酿啤酒提供更多口味的选择

是对味道的不满，还有消费者在大工业思维下的消费觉醒。

　　美国自建国开始，就拥有丰富的自酿啤酒历史。但经历过南北战争和经济大萧条的冲击后，啤酒厂受到冲击逐渐衰退。尤其是在 1920 年 1 月 16 日美国颁布了《禁酒法令》，禁酒运动对美国酿酒工业的打击巨大，直到 1933 年法令废除，这 13 年的时间里，美国没有合法的啤酒厂或蒸馏厂，有的只是唯利是图的非专业人士勾兑的劣质酒。在 1933 年废止禁酒令时，大多人已经记不得优质啤酒的口感，取而代之的是鸡尾酒的流行。"二战"后的数年里，美国的啤酒厂只是疲于打价格战，超市里售卖的啤酒大都乏善可陈。

　　转机的出现，依赖于那些将脚步早早触及有着悠久啤酒传统的欧洲地区的人们。美国军人、充满梦想的大学生、勇敢的探险家，他们在英国、德国、比利时品尝到与本国市场上完全不同的啤酒，久久难忘。美国手工精酿啤酒掀起浪潮的起点是在 1960 年，当时的大啤酒企业出于降低成本等目的，在酿造过程中加入玉米淀粉等添加剂，使得啤酒口味寡淡无味，因此很多小型啤酒厂发起"精酿啤酒运动"，倡导抛弃现代化设备，回归手工操作，这是精酿啤酒最早的形态。1965 年，年轻且充满激情的弗里茨·梅塔格（Fritz Maytag）用毕生积蓄购买了旧金山古老的铁锚酒厂，试图用手工酿造复刻那些美好的啤酒味道。1975 年，带着崭新梦想的铁锚酒厂在独立日推出了一款特殊的啤酒以庆祝《独立宣言》发表 200 周年。这件超酷的事已经超出了食物味道的含义，代表着一种绝不妥协的独立精神，也拉开了美国精酿啤酒运动的大幕。一群不想喝平淡无味啤酒的人们，在自己家中的后院、车库开始了充满热情的酿造行动。他们前往欧洲的比利时，寻找那些传统的、却在当下不被追捧的啤酒口味和配方。

△铁锚酒厂

美国禁酒令△

虽然这些人还是小众，却为手工精酿啤酒的问世提供了思想、激情，成为重要的领军人物。直到1978年美国宣布家酿合法化后，精酿产业才开始正式进入发展阶段。一批有活力、有梦想的人们进入这个崭新的行业。精酿啤酒（Craft Beer），作为啤酒世界中的新概念，由美国的酿酒协会定义而形成文化：小规模制造、独立生产、传统酿造方式，只有满足这三个条件才能被称为精酿啤酒。在1980年，美国仅仅只有8家精酿啤酒厂，但是到了2016年，美国精酿啤酒厂数量首次超过了5000家。美国手工精酿啤酒从欧洲传统的艾尔啤酒中寻找灵感并重新解构，选用纯美式浅色麦芽、结晶麦芽、大量美式啤酒花、艾尔酵母发酵酿造，酒体的味道是绝对颠覆性的，与时下的清爽拉格相比，令人印象深刻，难以忘怀。没有人想喝上一辈酿造的酒，新的酒精代表着新的未来，消费关系就这样被建立起来。而新一代的酿酒师，充满激情与灵感的先驱们，他们积极探索，勇于尝试，如"失落的修道院"啤酒公司的托米·亚瑟、"俄罗斯河"啤酒公司的维尼·奇卢尔佐、"角头鲨"啤酒厂的山姆·卡拉乔尼……很多在这条道路上的酿酒师和酒厂主理人，不单单是在生产一款商业化的商品，还想要生产品质优良、充满个性的啤酒。又是一个表达时代的来临，这是这个时代的呼声。

用于酿造精酿啤酒的种类丰富的麦芽△

越后啤酒△

手工精酿啤酒如今在全世界流行开来。有着悠久啤酒酿造传统的欧洲，不时会冒出新开的小型精酿啤酒厂。哪怕是非传统啤酒产区的意大利，都因为热爱比利时啤酒风格，对手工精酿啤酒充满热情。放眼我们所处的亚洲，不得不提日本的手工精酿啤酒业的发展，虽然市场规模不大，却异常活跃。

日本的手工精酿啤酒时代从 1994 年开始，那一年小规模酿造得到许可。1994 年 7 月 24 日，日本精酿啤酒协会正式成立。1995 年 3 月，位于北海道北见市的鄂霍次克啤酒厂（Okhotsk）成为日本第一家拿到营业执照的精酿酒厂。采用北海道当地的麦芽，开设了酿造厂和餐厅，至今仍在营业。

虽然鄂霍次克啤酒厂是第一家拿到营业执照的，但第一个开业的日本精酿酒厂却在新潟。1995 年 2 月，位于新潟的越后啤酒厂（Echigo Beer）正式出酒。该公司网站现在的宣传依然是"全日本第一个精酿啤酒厂"。

无论在何处，手工精酿业都要适应当地的文化、市场和口味。优质啤酒是对优质生活渴望的一部分体现。纵观中国的啤酒发展，啤酒口味的变化正印证着生活方式的转变。20 世纪 80 年代，伴随着改革开放的春风，国家在 1985 年实施"啤酒专项工程"。地方自筹 26 亿元，中国建设银行出资 8 亿元，再加上国家用来购买先进流水线的 2000 万美金，中国正式叩开"国产"啤酒的大门。

中国啤酒的产量不断攀高，伴随着产量增长的，还有2001年开始的啤酒资本并购故事，更多的地方啤酒小厂被收购吞并，原有的1000多家啤酒企业整合，规模啤酒企业不超过20家。国内品牌多被雪花、青岛、燕京、百威英博等为代表的啤酒巨头纳入旗下。

庞大的规模需要愈加稳定的品质保证。而另一方面也造就口味呈现单一化的局面。时间走到2010年，那些理所当然的事开始发生了些变化，城市里的啤酒先锋喝到越来越多的国外精酿啤酒，再对比常常喝到的啤酒，发现了这中间巨大的差别。这些个性洋溢的啤酒浓度不一、色泽不同、风味多样。新鲜的啤酒体验意味着全新的生活方式体验，进入新的时代，国内的城市先锋带动着新的城市潮流，让人们开始走进手工精酿啤酒风味多样、精致丰富的新世界。2012年被精酿啤酒行业内部一些活跃人士定义为中国的精酿啤酒元年。

那么到底何谓精酿啤酒？味道是最直观的表达，精酿啤酒味道的特点就是异常丰富。相对于种类有限的拉格啤酒，艾尔（Ale）为主角的精酿啤酒种类就丰富多了。艾尔啤酒更为浓郁的口感以及繁多的差异，使得啤酒也成为了一种可以品鉴的对象。艾尔啤酒是指酵母在发酵罐顶层进行发酵的啤酒，人类最早的啤酒就起源于艾尔。由于发酵时间较短、不要求低温储藏，艾尔可以在各种小型作坊中生产，这就使得它与工业啤酒有了另一个不同，规模小的酿造单位成就了其独立性和手工性。最后也是最有个性的就是它的文化。精酿啤酒，可以说最突出的就是它的文化意味。而这其中最鲜明的就是它的地域性特征，每个酿酒厂都可以在本土文化上大做文章，从而把最新鲜的本土文化通过精酿啤酒输出与表达出去。因此，精酿啤酒可谓将个性化、本土化、多元化集于一身。或许也正是如此，推广精酿啤酒才能被称作是一场里程碑式的"运动"。

啤酒真的可以称作是世界上最伟大的饮品，它在人类历史中出现得早，拥有的群众基础也最为广泛。这金黄色拥有迷人泡沫的饮品除了功能性之外，在不同时代又肩负着不同的意义。在古埃及它是货币报酬的替代品，在中世纪的欧洲它是比水更健康的饮品，在 20 世纪 80 年代，啤酒成为蕴含更多文化意味的独特存在。在美国兴起的精酿啤酒，最开始带着熟悉的口味和过去的记忆，正是蕴含着人们对美好过去的一丝怀念，那些传统被复刻回来。古老的艾尔啤酒给了精酿啤酒发展的无限空间，从 1975 年开始的每年秋天，铁锚酒厂都会发布新版本的圣诞艾尔，也被粉丝称为"我们的特别艾尔"。每一年的酒，在配料、酒标上都会有不同的创意体现，但每种啤酒背后的灵感都保持不变：进入新年前的喜悦、希望和庆祝。同时精酿啤酒也承载着自由、创新、探索的精神，这激励着在新时代有那么一群不愿随波逐流的啤酒爱好者，不断吸引着更多的同道中人。

铁锚酒厂 2020 年版的圣诞艾尔啤酒 △

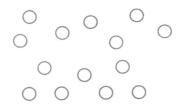

不可不知的
啤酒明星

啤酒世界异常丰富多彩，艾尔啤酒和拉格啤酒是两大家族，这里不乏一些独特的个性成员存在，对它们了解得越多，找到适合自己的酒，越能体会啤酒的乐趣无穷。先让我们喝上一杯，然后开始这段时光的旅程。

波特啤酒到世涛啤酒的升级

18世纪40年代，在把啤酒视为爱国象征的英国，酿造业有一颗啤酒新星在伦敦走红，那就是波特啤酒，这种啤酒的特点是呈深棕色，表面有一层细小的奶油泡沫，味道香醇浓厚，非常刺激，因为加入了啤酒花，保质期也较长。波特啤酒的人气不断提高，加上工业革命的进程，它被传播得更远，从伦敦开始在英国走红，最后当然也红到了爱尔兰。

爱尔兰人阿瑟·吉尼斯本来是从事传统麦芽酒的酿造工作，但因为伦敦波特啤酒在爱尔兰的流行使他颇受打击，于是他自己也转而酿造波特啤酒。据说在1759年，阿瑟·吉尼斯签下一纸每年45英镑、共9000年的租约，租下位于都柏林从未使用过的圣詹姆士门酿酒厂（St. James's Gate brewery）。经过漫长时间的不懈尝试，阿瑟·吉尼斯酿造的色泽

浓重、味道醇厚的波特啤酒事业走上正轨，并出口伦敦，受到当地民众的欢迎。他的儿子之后继承了他的酿酒事业，并在父亲的基础上生产出颜色、味道更纯的"特级波特啤酒"。阿瑟·吉尼斯所创办的健力士酿酒公司逐步迈向壮大。

"Guinness is good for you!（健力士妙不可言）"这是1929年2月健力士第一条正式出现在英国全国性媒体上的广告，如今这句广告语已经作为整个时代最伟大的标志之一被载入广告史册。正是健力士公司从都柏林开始把黑啤推向了全世界。这种很浓的黑色烈性啤酒被称作世涛（stout），这个啤酒类型演变出很多种风格，如今是啤酒界的传奇，形式广泛、家族庞大，其成员都有深刻的、黑色的、带烘烤味的特点。强劲的口感让人印象深刻，与市面上面貌模糊的淡啤酒截然不同。在啤酒评分网站上的全球最佳啤酒前20名中，帝王世涛占据了14个席位，大家对于世涛啤酒的喜爱可见一斑。题外话，我们所熟知的吉尼斯世界纪录（Guinness World Records）正是由爱尔兰健力士啤酒公司组织起来的。

博克啤酒

博克"Bock"，意为山羊。这是一种麦芽浓度和酒精度数都较高的烈性啤酒。每年3月出厂，5月的春季节日时饮用。博克啤酒的发源地是德国的艾贝克，在巴伐利亚方言里听起来像"艾博克"，取名时省去了第一个音节。早在1250年，艾贝克的普通家庭已经开始酿造啤酒了。历史上博克啤酒有个著名粉丝，就是欧洲大名鼎鼎的宗教改革者马丁·路德，他最爱的就是博克啤酒。1525年在他的婚礼上，路德订购了11桶艾贝克博克啤酒，用他的话说："这是我所知的最好的饮料。"几百年来，路德对啤酒的热情被无限放大，在德国的酒馆里经常能看到一段话："喝啤酒的人，睡得好。睡得好的人，不犯罪。不犯罪的人，会升天。"据说这段名言就出自他口。如今艾贝克的酿酒厂遵循着古老的酿酒传统，口感强烈，无比浓郁。

兰比克啤酒

兰比克啤酒产于比利时布鲁塞尔西南部塞纳河谷的一个地区，兰比克啤酒最大的特点是啤酒由野生酵母自然发酵酿造而成，不添加人工酵母，原料麦芽汁加热沸腾后倒入金属槽中，放在阁楼上冷却，冷却间窗户大开，让河谷的风将野生酵母和微生物与麦芽汁充分接触，之后把混有野生酵母的麦芽汁倒入木桶中发酵。陈年的兰比克啤酒需要发酵三年左右，各种菌类会赋予啤酒醛类和乳酸带来的风味，同时也会有牲畜棚发霉的味道。

○
皮尔森啤酒

　　捷克波西米亚地区的首府皮尔森市，在 1842 年诞生了后来席卷全球的啤酒，这种被称作皮尔森的啤酒被永远地记录在了啤酒历史上。在这之前被大众钟爱的风格还是传统的艾尔啤酒，但新的技术已经出现，新的啤酒风格在积累到一定阶段应运而生。酿酒师约瑟夫·格罗尔（Josef Groll）有意或许是无意间开发的新品与以往风格完全不同，它淡色、爽口的风格让人耳目一新。这种来自波

西米亚地区的皮尔森啤酒被后来几任皮尔森市长看到了无穷的商业价值，集中能量的包装营销，让这款新酒迅速火爆起来，很快便占领了奥地利帝国的首都布拉格。随着欧洲铁路的大规模建设，这股时尚风潮也随着便捷的交通迅速吹到了欧洲其他国家。皮尔森啤酒在正确的时代走上历史的舞台，在全球获得了巨大的成功。当下似乎已经没有人知道这个名字其实也是座美丽的小城。

△ 从左至右依次为智美（Chimay）酒厂、罗斯福（Rocherfort）酒厂、西麦儿（Westmalle）酒厂、阿诗（Achel）酒厂、西弗莱特伦（Westvleteren）酒厂、奥弗（Orval）酒厂、拉特拉普（La Trappe）酒厂、三喷泉（Tre Fontane）酒厂、恩格斯塞尔（Engelszell）酒厂、斯宾塞（Spencer）酒厂的产品

特拉普修道院啤酒

欧洲中世纪，人们需要饮酒，因为当时水污染问题非常严重，干净的水难以获得，用修道院院长埃尔弗里克的名言加以总结："有啤酒就喝啤酒，没有啤酒才喝水。"当时的修道院过着自给自足的平静生活，虔诚祷告，努力酿酒，都是修行生活的组成部分。所以在欧洲，修道院和啤酒酿造关系紧密。如今在瑞士的圣加仑修道院，除了拥有被称作"灵魂药房"的圣加仑修道院图书馆，院内甚至有三个啤酒厂。1100 年成立于法国北部的拉特拉普修道院的"熙笃会"教派中，修士们酿得一手好酒。因为他们没有商业化的压力，有时间认真钻研酿酒技艺，酿出的修道院啤酒与众不同。在两次世界大战中，身处欧洲主战场的修道院啤酒被发现并广为流传。但是随着战后一些厂商为了牟利，打着修道院啤酒的名字，却无法保证本该有的品质，使得修道院联合起来建立同盟，维护自己的名誉。1997 年，特拉普修道院联盟成立，唯有认证的酒厂才能打上六边形的特拉普权威认证标志。获得认证需要的条件为：啤酒必须生产于修道院的院墙之内或附近；生产方式方法由修道院的内部组织机构决定或参与指导；销售获得的利润主要用于供养修士或社会慈善。目前全世界有 11 家得到认证的酒厂，它们是阿诗（Achel）酒厂、智美（Chimay）酒厂、恩格斯塞尔（Engelszell）酒厂、拉特拉普（La Trappe）酒厂、奥弗（Orval）酒厂、斯宾塞（Spencer）酒厂、罗斯福（Rocherfort）酒厂、三喷泉（Tre Fontane）酒厂、西麦儿（Westmalle）酒厂、西弗莱特伦（Westvleteren）酒厂、津德尔特（Sundert）酒厂。其中西弗莱特伦酒厂只通过预定的方式卖给个人，而且数量严格控制，西弗莱特伦 12 这款酒长期占据世界啤酒排名第一的宝座，称得上是一瓶难求。

跨越大洋的 IPA

精酿啤酒界不得不提及的明星酒款 IPA，同样也有很多时代故事。IPA 是印度淡色艾尔啤酒（India Pale Ale）的简称。它虽以印度命名，却起源于英国。通常的说法是在大英帝国蓬勃发展，拥有海上霸权的那段时间，印度居住了大批英国人，由于英国人实在太爱喝啤酒了，啤酒只能漂洋过海来看英国老乡。因为一些偶然或必然的原因，大量的啤酒花和较高的酒精度可以让啤酒在当时无冷冻储藏的环境下，经过数月的海上运输仍不变质。这种啤酒很快垄断了印度市场，但当时的啤酒还是沿用英国本土淡色艾尔的命名。后来澳大利亚成为英国殖民地，起初这里是朗姆酒的天堂，这种高酒精度的烈酒曾在新大陆引发过暴乱，啤酒需求开始在澳大利亚市场出现。由于英国本土路途遥远，啤酒会从印度运往澳大利亚。IPA 应运而生，并风靡一时。

随着近代储存技术的进步，防腐功能弱化，IPA 的需求下降。在 20 世纪中期，甚至被人遗忘。伴随着美国精酿文化的推广，有着大量啤酒花，同时能演绎啤酒花风格的 IPA 再次成为时代的宠儿，拥有众多粉丝。以至于在精酿酒吧你不点一杯 IPA 都不好意思离开。第一次喝 IPA 时候，你会感到苦涩的味道充满整个口腔。如果你这样喝了一口就停下，可能会错过它。应该做的是继续尝试第二口，让口腔适应这种苦涩，随之而来的就是萦绕不断的啤酒花香味和悠长的回味。

△ 从左至右依次为内华达鱼雷 IPA 啤酒、酿酒狗朋克 IPA 啤酒、角头鲨 90 分钟 IPA 啤酒、分水岭泰坦 IPA 啤酒、迷失海岸迷雾快艇双倍 IPA 啤酒

是什么组成啤酒？

　　当你开始了解更丰富的啤酒世界时，会发觉这是一个精彩纷呈、绚烂奇妙的王国，技术、文化、历史、趣味，都包含在那一杯杯或深或浅的琼浆里。餐桌上这美妙的伙伴是如何拥有不同的性格？是什么造就了精酿啤酒的灵魂？那么，你就需要了解一下啤酒的组成原料了。

　　啤酒由麦芽、水、酵母、啤酒花四种原料构成，经过发酵转化为泡沫丰富、受人喜爱的酒精饮料。这四种原料组成了精酿啤酒的灵魂，就让我们先一一认识他们。

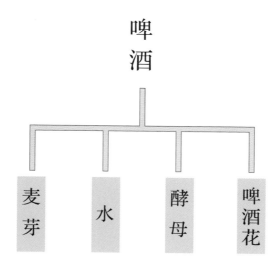

麦芽

　　麦芽蕴含了酵母发酵所需的糖源，同时为啤酒赋予了风格特征，例如啤酒的颜色、风味、酒体以及发酵产生的酒精都来自麦芽。但是这里需要强调的是，啤酒主要的原料是麦芽而不是大麦，从大麦籽粒到麦芽还需要制麦的过程，这个过程常常被大家忽略。啤酒的风格、颜色和风味与采用不同制麦工艺制备的麦芽有直接关系。制麦者会把麦芽分为四类：基础麦芽、烘干麦芽、烘焙麦芽和烘烤麦芽。分别在麦芽不同的含水量、烘烤时间和温度下开发出麦芽不同的风味和颜色。焦糖化和美拉德反应在制麦过程中起到重要作用，它们能赋予麦芽焦糖和太妃糖以及饼干和烤面包的味道。麦芽的颜色用罗维朋 °L 表示，数值越高，表示麦芽颜色越深。

Tips:

⊙ 基础麦芽（具有酶活力）：大麦籽粒发芽后烘干（50～70℃）至水分含量4%，具有轻微烤吐司的谷物香味。

⊙ 烘干麦芽（具有酶活力）：在基础麦芽的基础上烘干至90～105℃，发生美拉德反应，具有浓郁的麦芽和面包香气。

⊙ 烘焙麦芽（基本不具有酶活力）：在青麦芽的基础上，不经过烘干阶段，直接在烘烤炉上加热至66～70℃，再加热升温至105～160℃继续烘烤。具有丰富的焦糖和太妃糖香气。

⊙ 烘烤麦芽（基本不具有酶活力）：烘烤前麦芽被干燥到很低的含水量（4%～6%），再升温至168℃继续烘烤，具有烤面包、坚果和饼干的味道。

水

　　水是啤酒原料中占比最大的组成部分，啤酒中85%～90%都是水。有水的参与麦芽才可以糖化，同时释放颜色和风味，啤酒花才能释放苦味和香气，酵母才能自由生长并释放代谢产物。所以水是啤酒酿造中非常重要的原料之一。从酿造角度来说，水的分类可以分为酿造用水和清洗用水，酿造用水中钙镁离子的含量决定着水的软硬度，钙镁离子对于发酵其实是有益的，但是我们更加在意的应该是水的酸碱度而不是软硬度。对于麦芽糖化和后期发酵，水的 pH 最好控制在 5.2～5.6，如果你用的水 pH 不在这个范围之内，可以购买酿造专用的 pH 缓冲盐调节水的酸碱度。对于家酿啤酒来说，建议使用经过纯化过的纯净水。清洗用水采用自来水即可，一般来说清洗用水的量一般是酿造用水的 5～8 倍。

酵母

酵母曾是啤酒制备过程中最易被忽略的原料，在 18 世纪以前，人们认为酿酒师不是在做啤酒，他只是把所有原辅料组合到一起，然后啤酒就会自然天成。不是他有什么神功，而是他从天地间吸纳了没人能说清楚是什么的神秘元素。所以在 15 世纪德国提出的啤酒纯净法中并没有提到酵母这一重要原料。关于酵母的研究开始于 16 世纪后期，这时候有了显微镜，人们可以通过它了解微观世界。18 世纪法国微生物学家路易斯·巴斯德证明发酵是一种活的生物 - 酵母代谢产生的结果。直到 19 世纪 30 年代后期，酵母研究开始集中在酵母细胞活动是酒精和二氧化碳产生的来源这一事实。对于啤酒酿造来说，酵母并非只是单糖代谢后产生酒精和二氧化碳这么简单，它的作用远非如此，酵母在发酵过程中产生的酸、醇、酯、醛类物质会给酒体增加更多的风味，可以说没有酵母的参与就不可能有啤酒的存在。

啤酒酵母和霉菌一样同属于真菌，通常呈圆形或者椭圆形，可分为艾尔啤酒酵母和拉格啤酒酵母。

艾尔酵母通常也称为上面发酵酵母，最佳的发酵温度在 20℃左右，艾尔酵母在发酵过程中能产生多种化合物，从而形成艾尔啤酒特有的风味和香气；拉格啤酒酵母也被称为下面发酵酵母，它的发酵温度较低，通常为 10 ～ 13℃，发酵时间也更长。产生的酯类和高级醇类化合物少，所以总体来说，拉格啤酒口感甘洌、口味纯净。

最后要讲的主角是啤酒花，现在大家能够喝到的啤酒都会有苦香味，这主要是啤酒花带来的风味。但是在最初的啤酒制备中，并没有啤酒花的参与，早期的啤酒酿酒师在麦汁煮沸时加入的香料可谓五花八门：香桃木、曼德拉草、茴香、藏红花、生姜、芫荽、苦艾、龙胆根等。是谁最早将啤酒花应用于啤酒酿造呢？据说在 8 世纪德国的一家修道院，酿酒师发现有一种藤蔓植物上的松果状花朵不仅清香还具有浓烈苦味，是这位德国人第一次在啤酒酿造中添加了啤酒花。

啤酒花是蛇麻植物的雌花，它是一种攀缘植物，原产于黑海与里海间的高加索地区。公元 736 年，日耳曼地区的酿酒人在慕尼黑近郊打造了啤酒花花园，进行大规模栽培。由于它能为啤酒增添风味，所以啤酒花也被赞誉为"啤酒的灵魂"。啤酒花主要生长在纬度 30 ～ 52 度的区域内。啤酒花的外形很像松果，在苞片基部包含着酒花精油和树脂的黄蛇麻素腺，树脂和精油就是啤酒苦味和香气的来源，这些精油目前已经分析出来约有 500 种不同物质，可以带来花香、果香、柑橘香、植物香、草本味、树脂味和辛辣味。添加啤酒花除了增加风味，还可以在麦汁煮沸时促使蛋白质起到絮凝澄清酒液的作用。另外啤酒花中的精油和树脂还能起到防腐作用，这也是 IPA 类啤酒流行的起因。根据啤酒花中精油和树脂含量的不同，一般把啤酒花分为苦型酒花、苦香型酒花和香型酒花，可以根据自己酿造啤酒的风格和想法选用和搭配。

除了上述四种原料外，啤酒的配方中还会添加丰富的辅料（谷物，香料等）增加风味。最后，时间是必不可少的。酿酒师为酵母营造了舒适的生长环境，剩下的请交给时间，期盼发酵结束收获成果的那一天。也许这个成果没有你想象的完美，也许会带给你惊喜。这就是发酵的独特魅力，永远不可以急于求成，做好该有的准备，平静对待结果。是惊喜就坦然接受，如果和预期不一样，那就反思后重新再来。

啤酒花

开始酿造吧！

　　了解了啤酒璀璨的文化、耀眼的明星和造就性格的四大元素，你是不是早已跃跃欲试，想要酿造属于自己的一款美味啤酒。其实自酿啤酒和其他烹饪过程一样简单，就像做一道菜、烤一款甜品一样，要做的事也没有太多不同：依据操作流程，理解可能会影响结果的重要因素，一点耐心和一些好奇心。第一次酿造属于自己的啤酒时，你会从中获得极大的满足感，同时又将踏入一个更加美妙的世界，并且停不下来。

　　啤酒相比于第二章的酿造，最大的不同是要经历两个阶段，一个是酿造日当天的操作，还有一个是二次发酵的操作。就让我们开始吧，跳入这丰富的啤酒海洋。

酿造日

1 Day

比利时白啤 20L

原 料

艾尔麦芽（基础麦芽）：2.2kg
小麦麦芽（基础麦芽）：1.8kg
酵母（比利时小麦艾尔酵母）：10g
啤酒花：萨兹 50g
芫荽籽：30g
苦橙皮：50g

酿造准备

在家酿造啤酒并不是非常困难的事情，但确实需要花些时间，制作一次啤酒需要 4 ~ 6 小时，所以不妨留出一整天，尽情探索酿造的奇妙过程。对于第一次酿造啤酒的朋友来说，难免有些手忙脚乱，不要气馁，每个酿酒师都经历过这个过程，熟悉了操作步骤和发酵原理之后，一切都会得心应手。

准备所需设备

　　请在制作啤酒之前准备好所有与之相关的器具，避免在制作过程中发现遗漏而手忙脚乱，下面列举的器具在超市或者网店都可以购买到，请在制备啤酒之前全部准备齐全。

水封（图1）
水封的作用是排出啤酒在发酵过程中产生的二氧化碳，防止炸瓶，同时防止外部空气的污染。如果用大的玻璃发酵瓶，还需要一个打孔的橡胶塞来固定水封。

保温桶（图2）
准备一支20L的保温桶，在糖化阶段保持糖化温度。

熬煮锅（图3）
准备一个带盖的20L不锈钢锅，为防止麦芽汁煮沸时煳底，请尽量选择一个底部较厚的锅。

发酵罐（图4）
建议从网上购买23L的食品级塑料桶，易于操作而且价格不贵，一般都会含有底部龙头和专门安置水封的预留口。如果你家里有现成的20L以上的玻璃瓶，也可以用作发酵罐，但是玻璃器皿有破碎的危险以及瓶口较小不易清洗的缺点，但是可以很清晰地观察发酵景象。

过滤袋（图5）
选择一个棉布或者80目尼龙做的网包，用来浸泡辅料和香料。

手摇式麦芽粉碎器（图6）
一般为铸铁的手摇粉碎器，安装、使用方便，可以调节间隙来改变麦芽的粉碎程度。

1	2	3
4	5	6

搅拌铲（图7）

准备一支长把的木铲，用来在糖化和麦汁煮沸时搅拌麦芽和麦汁。

量杯（图8）

准备一支1L的耐热玻璃量杯或者食品级塑料量杯，用来活化酵母和舀取麦芽汁。

电子秤（图9）

用来称取原料麦芽（量程10kg，精确到0.1g）。

温度计（图10）

请用电子数显温度计，不要用水银温度计，避免意外碰碎产生危险。

不锈钢盘管冷却器（图11）

用来冷却煮沸过的麦芽汁。

4～6米的硅胶管（图12）

用来转移麦芽汁和连接冷却水和盘管冷却器。

过滤筛网（图13）

可以通过网购准备一支筛网，大小以能放入保温桶为准，筛网高度要高于保温桶中龙头的位置。

75%酒精（图14）

用于消毒。

酒精喷壶（图15）

用于消毒。

耐热三角瓶（图16）

用于酵母复水。

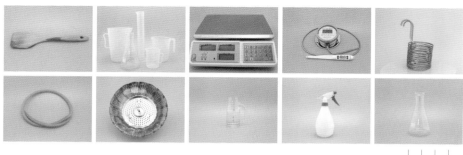

| 7 | 8 | 9 | 10 | 11 |
| 12 | 13 | 14 | 15 | 16 |

酿造器具消毒

　　好的卫生条件是酿造出优质啤酒和保证身体健康的先决条件，消毒做不好，所有好的想法和准备全都失去意义。这是很多酿酒师经历过惨痛教训后的心得，请不要再犯同样的错误。严格来说，消毒之后发酵液中只能有你选择的酵母菌，它是酿酒中唯一存在的微生物。

1. 清洗

所有和酿造有关的器具先用清水清洗干净，再用没有添加香味剂的洗涤用品再次清洗，然后用清水洗净，不要残留洗涤剂。

2. 消毒

化学试剂消毒。

- 五星化学品公司的 StarSan 洗液是很好的选择，这种消毒剂和器具接触 30 秒即可，而且不用再次用水清洗。推荐用法：19L 纯净水加入 8 ~ 10mL 消毒剂，把酿酒设备浸入其中大约 30 秒即可，方便安全。

- 过氧乙酸，目前市售的过氧乙酸都以 AB 液方式出售，需要先将 AB 液混合 24 小时后才能使用，注意没有稀释的过氧乙酸有强腐蚀性，请戴上手套操作。推荐用法：AB 液混合 24 小时，20L 纯净水中加入 200mL 过氧乙酸，再将和酿酒相关的设备浸入其中 15 分钟，之后再用纯净水冲洗备用。

> **加热消毒：**
> 对于在家制作啤酒来说，热杀菌是最简单也是最易实现的方式，小的器具可以放在沸水中煮 10 分钟，大的器具用开水反复冲烫也是不错的方法。不建议用烤箱进行干热灭菌，水和蒸汽对热的传导效率更高。

制作步骤

1. 麦芽粉碎（约 15 分钟）

麦芽粉碎是把麦芽中淀粉转化为糖的先决条件，麦芽粉碎可以增加麦芽胚乳与水、淀粉酶的接触面积，有利于麦芽中所含酶的溶出、活化，糖化时能迅速彻底地促进酶分解过程。同时麦芽粉碎后的麦皮是非常好的过滤介质。将艾尔麦芽和小麦麦芽准确称量后混合均匀，调节好手摇式麦芽粉碎器的间隙，倒入麦芽粉碎，尽量保证麦皮的完整性，破而不碎，麦芽胚乳粉碎颗粒适中，这样可以获得水解程度高的清亮麦汁（图 1）。

2. 麦芽糖化（1 小时）

制备麦芽汁的目的是把麦芽中的淀粉被淀粉酶水解为啤酒酵母可以利用的糖（在糖化过程中，也伴随着蛋白质和半纤维素的水解，但主要以淀粉酶水解为主），为了更充分地利用麦芽中的糖，需要为淀粉酶创造好的水解环境以便水解彻底：温度、pH、麦芽和水的比例都是必须考虑到的。对于在家酿制啤酒的朋友，建议如下的糖化条件：温度 68℃，pH5.2，料水比 1：4，以比利时白啤的酿造为例：

> A. 艾尔麦芽（基础麦芽）2.2kg
>
> B. 小麦麦芽（基础麦芽）1.8kg

准确称取上述麦芽，粉碎后备用。麦芽总重量 4kg，按照料水比 1：4 的比例准备好 16L 水，加热至 68℃备用，将过滤筛网安放在保温桶中（图 2），麦芽装入过滤袋后放入保温桶中（图 3），加入 68℃的水（图 4），用搅拌铲搅拌均匀（图 5），直至没有麦芽结块为止。用数显电子温度计测量温度，如果温度高于 68℃可以适当加冷水，低于 68℃可以适当加入热水，之后维持在 68℃静置 1 小时。

3. 麦汁过滤（约 30 分钟）

糖化 1 小时后打开保温桶龙头，刚开始流出的麦芽汁比较混浊，用量杯盛放这部分麦芽汁后倒回到保温桶中，直到麦芽汁清澈为止。接着可以持续开放保温桶龙头，让麦芽汁流入熬煮锅中（图 6）。

4. 洗糟（约 30 分钟）

准备好 10 ～ 15L 加热至 72℃ 的热水备用，当第一道麦芽汁收集完毕后，慢慢加入热水，这一操作为洗糟，目的是将残留在麦芽上面的糖洗脱下来，最大效率地利用糖（图 7）。

倒入洗糟水时尽量慢，不要破坏麦糟的过滤效果。第一道麦汁加上洗糟后收集的麦汁总量应为 20L 左右。

5. 熬煮麦芽汁（1 小时）

第一道麦汁和洗糟麦汁过滤后得到的麦汁浓度低，还含有其他微生物，不能接入酵母发酵，必须经过熬煮麦芽汁的过程。熬煮麦芽汁可以使麦汁中的酶失活，杀灭麦汁中的微生物，蒸发多余水分达到希望的麦芽汁浓度，啤酒花苦味物质的溶出、异构化并赋予麦芽汁特有的啤酒花香味，排除不良气味，促进蛋白质凝聚变性和析出。

熬煮麦芽汁的时间为 1 小时。第一次熬煮麦芽汁时最好不要离开，注意调节火力的大小，防止麦芽汁煮沸时溢出。煮沸开始阶段应不断搅拌防止煳锅，直到麦芽汁沸腾、有明显气泡翻腾，加入 50g 萨兹酒花（图 8），麦芽汁保持微沸状态 1 小时，在熬煮结束前 15 分钟，将敲碎的芫荽籽和苦橙皮装入熬煮袋内，放入熬煮锅一起熬煮（图 9），萃取芫荽籽和苦橙皮的香气，熬煮结束后将熬煮袋取出。麦芽汁地体积约为 18L。

6. 冷却麦芽汁（约 30 分钟）

麦芽汁长时间暴露在 32 ～ 60℃ 的空气中很容易被其他细菌和酵母污染，所以熬煮结束后盖好盖子，尽快将麦芽汁冷却至发酵温度后接入啤酒酵母。对于艾尔啤酒来说，冷却至 20℃ 是比较理想的温度。

下面有两种冷却麦芽汁的方法：

冰水浴：把熬煮锅放入充满冰水的厨房水槽或更大的容器内，在 30 ~ 40 分钟内就可以冷却到 20℃左右。
盘管冷却：如果采用盘管冷却方式，请将盘管清洗干净后在熬煮麦芽汁结束前 10 分钟放入熬煮锅内，用高温为盘管杀菌。熬煮结束后，冷却盘管一端连接自来水管，另一端接入下水管道，打开水龙头冷却即可，40 ~ 50 分钟可以冷却到 20℃左右。

这两种冷却方式都有优缺点，冰水浴操作简单，不需要额外的设备，但是想尽快冷却麦芽汁需要提前准备大量冰块并且要经常更换融化的冰水，已达到尽快冷却的目的，优点是冷却时间较快。盘管冷却法需要购买冷却盘管，冷却时间可能比较长，冷却水的消耗比较大，优点是不用更换冷却水。

7. 投放酵母菌（约 10 分钟）
投入干酵母粉之前最好先将酵母复水（酵母复水方法见 P019），倒入已经冷却至发酵温度的麦芽汁中（图 10），盖好发酵罐的盖子，安装好水封（图 11）。

8. 发酵
艾尔啤酒发酵一般在 20℃左右，18 ~ 21℃都是比较理想的发酵温度，温度稍微高一点，比如 24℃也没有问题，但是高于 26℃啤酒将呈现不好的味道。所以尽量将啤酒发酵温度控制在适当范围内。对于比利时小麦啤酒来说，21℃保持 15 天的发酵是比较理想的。另外，最好让发酵桶处于避光的环境。

9. 清洗（约 1 小时）
现在将所有的器具清洗干净，为下次酿造做好准备。

10 | 11

发酵周 | **15** Days

接入啤酒酵母后的两周里，你会有惊奇的发现。一般在 24 小时后，你会观察到水封开始稳定冒出气泡，这是发酵开始的标志，在最初的一周之内，水封都会有大量气泡产生，如果采用玻璃发酵罐，你可以观察到顶部有大量的泡沫产生，这些都是正常现象。随着可发酵糖被啤酒酵母不断消耗，气泡的生产会慢慢停止，但是酵母菌依然活跃，无须移动发酵罐干扰发酵，15 天的时间可以让啤酒继续发酵和熟成，啤酒的颜色会略有加深。

> **装瓶二次发酵日**
> 发酵两周后啤酒基本酿制完成，这时候将迎来第二个关键时刻，装瓶二次发酵。

主要器具

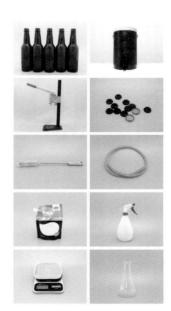

- 瓶子（图 1）：可以网购 330mL 或者 500mL 的棕色玻璃瓶，酿造 20L 的啤酒大约需要 330mL 玻璃瓶 50 只，500mL 玻璃瓶 40 只。
- 装瓶桶（图 2）：可以网购一只和发酵桶一样附带龙头的食品级塑料桶。
- 封盖器（图 3）：目前有手动封盖器和台式封盖器两种，台式封盖器安装在一个金属支架上，单手操作，手动封盖器则需要两只手操作。
- 瓶盖（图 4）：可以网购标准的皇冠盖。
- 瓶刷（图 5）：长柄尼龙刷毛瓶刷。
- 虹吸管（图 6）：1 米左右耐高温的硅胶管。
- 二次发酵糖（图 7）：葡萄糖粉或者蔗糖。
- 75% 酒精 + 喷壶 1 只（图 8）：手部消毒。
- 电子秤（图 9）。
- 耐高温玻璃瓶（图 10）：250mL 1 只。

1	2
3	4
5	6
7	8
9	10

1 | 2
3 | 4

1. 双手消毒

操作前先洗清双手，并用 75% 酒精喷洒双手（图 1）。

2. 瓶子消毒

在使用前彻底清洗和消毒瓶子，可以用瓶刷清洁瓶子内部（图 2）。清洗和消毒方法和之前一样，可以选择化学试剂消毒，也可以选择加热消毒（图 3）。

3. 瓶盖消毒

瓶盖和玻璃瓶一样需要清洗和消毒，方法同上（图 4）。

4. 二次发酵糖液的准备

准备一个耐高温的玻璃瓶，清洗消毒后添加 5.5g/L 的二次发酵糖，再加入 250mL 煮沸后的水充分溶解，冷却至室温待用，加入二发糖液后啤酒酵母在瓶内继续发酵。

5. 混合啤酒和二发糖液

将冷却好的二发糖液倒入装瓶桶中（图 5），再利用虹吸管（要事先清洗消毒，虹吸管中可以留存煮沸后的开水）把发酵桶中的啤酒导入到装瓶桶中，注意发酵桶中底部的酵母不要吸入装瓶桶中，这样会造成啤酒混浊和含有酵母味。不要简单地把啤酒直接倒入装瓶桶中。

> 如果你不打算购入装瓶桶，也可以缓慢地把二发糖液倒入发酵桶中轻轻搅拌几下，静置 30 分钟后再打开发酵罐底部龙头灌装。

6. 灌装和密封啤酒

灌装啤酒时液面距离瓶子顶部大约 2.5 厘米，灌装后迅速用封盖器把瓶子密封，瓶盖也要清洗消毒，如果是第一次操作，最好找朋友协助（图 6）。

7. 放置并二次发酵

把灌装好的啤酒放置在温暖（21 ~ 24℃）避光的环境中继续发酵。大约两周后，二次发酵完成，瓶底会有沉淀的酵母层，这是正常现象。

5
—
6

『贴心解答 可能出现的问题』

想要酿造出口感美妙的啤酒，有些事非常重要，比如在发酵过程中的消毒、温度的控制、正确选择合适的酵母等。下面我们从这些重要的因素发散开来，解答在酿造过程中可能出现的问题。

Q 为什么消毒很重要？

A 清洁和消毒是酿制好啤酒的先决条件，无论你设计的配方多么新颖，采用多么好的原料和啤酒花，但是因为没有很好地消毒，所有的精心准备都将功亏一篑。所以一定要将与麦芽汁和酵母接触的器具进行消毒，其中也包括水封。消毒的目标是把细菌和其他微生物减少到微乎其微或至少是可控的程度。"清洁""消毒"和"灭菌"通常会交替进行，它们的含义并不一样：清洁是去除泥土、污渍和杂质。消毒是将不良微生物减少到可以忽略的水平。灭菌是通过化学或者物理手段杀灭微生物。对于酿造啤酒来说，通常只做到消毒的程度就可以了。在制备啤酒的过程中，经常用 75% 酒精喷洒双手是很好的习惯，请将酒精喷壶放在手边。另外一点需要注意的是，当啤酒酿造结束后，应马上将使用过的所有器具清洗干净，放在通风的地方晾干，为下次酿造做好准备。

Q 为什么要控制发酵的温度？

A 健康的发酵过程是酿造出优质啤酒最重要的因素。这其中由于酵母菌的特性，它是一种活的生物，所以温度控制是关键，适宜的温度会很好地保持酵母菌的活性。

Q 应该如何选择啤酒酵母？

A 如今可以用来酿酒的酵母有好几百种，每一种酵母都能酿造出风格独特的啤酒。可以根据自己的需要选购这些啤酒酵母，选购时需要向供应商详细了解啤酒酵母的特性，例如产酯能力、外观发酵度、絮凝性、酵母沉降速度、理想发酵温度和接种方法以及建议添加量是多少。酵母有干酵母粉和液体酵母两种形式，目前比较容易买到的一般都是干粉酵母（1 包 10g 干酵母大约含有 1000 亿个酵母细胞）。

之前介绍过，啤酒酵母可以分为艾尔酵母和拉格酵母，艾尔酵母一般被称为上面发酵酵母，拉格酵母一般被称为下面发酵酵母，其实两种酵母最大的不同是发酵温度，艾尔酵母偏好发酵温度高一点（18 ~ 24℃）而拉格酵母偏好发酵温度低一点（10 ~ 13℃）。

目前美国、英国和比利时采用艾尔酵母酿造啤酒比较多，例如美式艾尔酵母、加利福尼亚艾尔酵母、爱尔兰艾尔酵母、比利时修道院艾尔酵母，而德国、捷克和北欧以拉格酵母为主，比如巴伐利亚皮尔森拉格啤酒酵母、德式拉格啤酒酵母和丹麦拉格啤酒酵母。

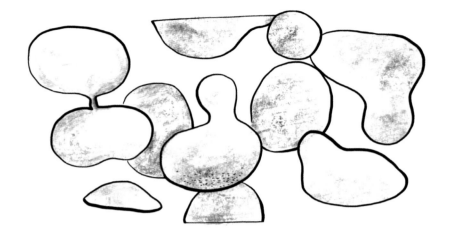

Q　啤酒酵母的投放量?

A　酿造好的啤酒需要状态良好的酵母，除了温度，正确的数量也至关重要。所有微生物都具有相同的生长规律：适应期、对数生长期、稳定期和衰亡期。啤酒酵母可以细分为调整期、加速期、对数生长期、减速期、稳定期和衰亡期。对于同样生长环境的麦芽汁中酵母投放量不同，酿制后给啤酒带来的风味也不同，低投放量往往比高投放量带来更多的芳香物和酯类。因为在发酵的前几天，酵母进入对数生长期，快速繁殖，这个阶段会比其他阶段生成更多的双乙酰、醛类和醇类，较低的酵母投放量意味着更多的细胞增殖，相比于高投放量来说会生成更多的副产物。不同种类的啤酒类型要选择不同的酵母投放量，艾尔啤酒具有风味多、层次感强的特点，而拉格啤酒具有口味干净、口感清冽的特点。所以对于艾尔酵母来说，20L的麦芽汁接种1袋（10g）经过复水的酵母，可以酿制出风味独特的啤酒。但对于拉格啤酒来说，最好投入2袋（20g）经过复水的酵母，酿制口味干净的啤酒。

Q　接入酵母后水封始终没有气泡产生，怎么办?

A　没有产生气泡可能有以下几种原因：

1. 发酵温度过高或过低：对于艾尔酵母来说，发酵温度一般在18～21℃，低于18℃可能导致酵母无法生长。而对于拉格酵母来说，发酵温度一般在10～13℃，过高的温度也无法正常发酵，所以在使用酵母时，事先阅读酵母的使用说明，了解酵母的最适发酵温度。

解决措施：把已接入酵母的发酵桶放到合适的温度环境内，观察48小时，如果仍然没有发酵，请在适合的温度环境再次接入酵母。

2. 啤酒酵母超出保质期：干酵母粉一般可以保持两年的活性，如果酵母时间过长或保藏环境比较恶劣，可能导致酵母菌大部分已经失去活性。

解决措施：查看酵母粉的保质期，挑选新鲜的酵母粉重新接入麦芽汁发酵。

3. 机械原因：水封不冒泡也有可能是水封安装问题，水封和盖子之间存在缝隙，导致二氧化碳泄漏，水封没有气泡冒出。

解决措施：检查水封的安装情况，修复泄漏的地方即可。

Q 二次发酵中遇到这些产气的问题怎么办？

A 没有产气：这是因为发酵温度过低或者过高，解决方法是把二次发酵的玻璃瓶放置于适宜的发酵温度环境内即可。产气太多：你可能遇到这种情况，二次发酵两周后打开瓶盖时，啤酒喷涌而出。这是二次发酵糖加入过多导致的。解决措施是将这批啤酒全部放入冷藏室保存，再次试饮的时候，慢慢打开瓶盖，排出部分气体后再倒入杯中试饮。最好的方法是小心打开这些啤酒，尽快喝完，或者销毁，因为有炸瓶的危险存在。记得下次少加一些二次发酵糖。

Q 啤酒花的添加方法有哪些？

A 啤酒花除了可以增加啤酒的苦度和香气外，还可以起到防腐和澄清酒体的作用。啤酒花可以根据 α 酸的含量和香气分为苦型啤酒花、香型啤酒花和苦香型啤酒花。目前市场上销售的啤酒花形式主要有鲜啤酒花、干花果、颗粒啤酒花和啤酒花浸膏。酿酒主要使用的是颗粒啤酒花。啤酒花的添加方法有很多：1. 糖化时投放啤酒花：糖化时加入啤酒花可以增加啤酒的香气和风味，另外 α 酸可以稍微降低麦芽汁的 pH，另外啤酒花可以使过滤层变得疏松，有利于过滤。2. 熬煮麦芽汁时投放啤酒花：麦芽汁煮沸时间一般为 1 小时左右，在刚开始沸腾阶段投入啤酒花主要是为了将啤酒花中的 α 酸异构化，增加酒体苦味。在煮沸的中后期或者煮沸结束时加入啤酒花，可以使 α

酸异构和易挥发的芳香物质溶出，这样既增加苦度，还能保留啤酒花精油特有的香气。3. 在回旋沉淀时加入啤酒花：一般用于商业酿造，即麦芽汁煮沸结束后、回旋沉淀阶段投入啤酒花，主要是为了萃啤取啤酒花精油中的香气。4. 干投啤酒花：干投啤酒花就是在发酵结束后加入啤酒花，这可能是获取啤酒花香气最好的方法，一般用于 IPA 啤酒的制作。那么添加啤酒花后怎么判断苦味的程度呢？可以按照如下的公式计算：购买啤酒花时，包装上会有此款啤酒花的 α 酸含量，可以根据啤酒花的 α 酸含量、投入啤酒花的质量、啤酒花的利用率和熬煮麦芽汁后的体积计算啤酒花带来的苦度值：IBU =（啤酒花质量 × α 酸含量 × 利用率% × 0.749)/ 最终体积。

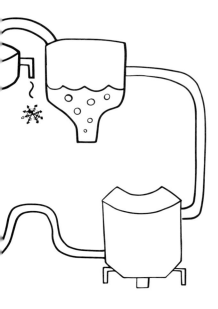

Q 想用水果、蔬菜和香料酿造啤酒可以吗？操作原理是什么？

A 每个开始酿酒的人都会有这样的经历，在经过一段时间的顺利酿造后，就会开始奇思妙想，"是不是可以把水果放进去？""是不是可以添加些香料？"从原理上说水果是很容易混合进啤酒里的，它们含有单糖，有很好的香气和味道。问题是如何选择合适的水果混酿啤酒？如何增加风味，又不会产生冲突？寻求水果啤酒的灵感时，可以想想你吃到过的水果制品，它们呈现出来的味道特点。一般来说残留甜味的淡色啤酒和小麦啤酒都比较适合酿造水果啤酒，樱桃、草莓、杏都是不错的选择。另外就是不同的水果可以考虑与不同的水果提取物混合使用，比如柑橘类可以选用果皮来增添味道。蔬菜类可以提供可替代的淀粉，味道的贡献就比较弱。用香料酿造主要需要控制数量和时机的把握。

Q 经常在瓶标和相关介绍上看到一些英文简称，都是什么意思？

A 下面这些英文简称可能会在啤酒酒标或者书中经常看到，作为精酿啤酒爱好者应该知道：

ABV：以体积计的酒精含量

DMS：二甲基硫醚

IBU：国际苦味单位

OG：初始麦芽汁比重

FG：终点麦芽汁比重

SRM：标准参考法（啤酒色度单位）

Ale：艾尔啤酒

Lager：拉格啤酒

IPA：印度淡色艾尔

Porter：波特啤酒

Stout：世涛啤酒

Hop：啤酒花

Malt：麦芽

Yeast：酵母

°L：罗维朋色度（麦芽）

SRM：标准参考法（啤酒色度）

啤酒
也应该好好品鉴

啤酒是世界上最广为饮用的酿造酒，早在 5000 年前，啤酒在诞生地美索不达米亚、埃及地区，就被称作"可以喝的面包"，因为它的原料是简单可得的麦类，所以历经时代变革，它一直是深入大众日常生活的饮品，与葡萄酒、烈性酒在餐桌上的角色略有不同，或者说是畅饮的代表，而非品鉴的对象。而进入到精酿啤酒蓬勃发展的时期，主角艾尔啤酒拥有更为浓郁的口感以及繁多的差异，这对于啤酒爱好者来说，有了些奇妙的变化，你可以坐在怡人的环境里，细细品鉴手中这杯美好的酒精饮料，也就是说啤酒终于成为一种可以品鉴的对象。它丰富的多样性就像你性格不同的朋友，随着天气、心情、氛围的不同，你可以挑选不同的对象与之倾情交流。

大家都知道怎么喝啤酒，但很少有人知道该如何真正地品尝啤酒。食物关乎欢愉、探索、创造以及最重要的分享。前面我们讲到如何酿造一款好喝的啤酒，下面我们讲讲如何分享、品尝你的作品。

喝啤酒的场合不同，我们和啤酒的关系也不同。虽然在过往大多的认知中，啤酒与大排档联系在一起，与狂饮一气关联着。但在这本书中，我们提到的场景是当你举起一杯精心酿造的精酿啤酒时，你和它的关系与以往不同，你需要静下心来细细品鉴，感受这一款和另一款之间的差别，味蕾被调动起来，配合着场地、光线、气味、氛围，它都会给你带来不同的愉悦感受。

啤酒品鉴的
4 大要素

颜 色　不同类型的啤酒拥有不同的颜色。啤酒按颜色可以分为几种：

浅色啤酒：
色度为 5.0~14.0EBC，是产量最大的啤酒品种，约占 98%，根据地区的嗜好，浅色啤酒又分为浅黄色啤酒、金黄色啤酒和棕黄色啤酒三种类型。

浓色啤酒：
色度为 15.0~40.0EBC，色泽呈红棕色或红褐色，特点是麦芽香突出、口味醇厚、啤酒花苦味较轻。酿制浓色啤酒除采用溶解度较高的深色麦芽外，还需加入部分特种麦芽，如焦香麦芽、巧克力麦芽等。

黑色啤酒：
色度为大于 35~40EBC，色泽呈深红褐色至黑色。特点是一般原麦汁浓度较高，麦芽香味突出，口味醇厚，泡沫细腻，苦味则根据产品的类型有较大的差异。

味道、口感

杀口感：
啤酒含有的二氧化碳气体不仅能给人带来清爽的感觉，还会对口腔形成一定的刺激。这是因为口腔温度高，二氧化碳从酒液中逸出时会带走口腔热量，刺激口内感官细胞，造成一种刺激的感觉，这种刺激感被称为杀口感。如果啤酒中的二氧化碳含量不足，则会缺乏杀口感；反之，则杀口感十足，能带来非常清爽刺激的感觉。

质地：
当啤酒的风味物质和杀口感一起出现的时候，能够带来怎样的一种感觉？可以是奶油般的感觉，丝绸般的顺滑，抑或是黏腻感。

酒体：
啤酒的酒体指的是酒含在口中时舌头能感受到的重量，可以从轻盈、中等到厚重。

余味：

余味是指酒吞下去后残留在口中的味道和感觉。可以是干涩感（不一定是苦的，但一定不甜）、湿润感（口中残留有甜味或其他浓郁的味道，需要用水或其他东西清洁口腔才能让味蕾轻松起来）或温暖感（因高酒精度而带来的热感）。

香气：

啤酒的香气来自啤酒花，它为不同的啤酒带来复杂的香气特征。啤酒的香气有两个部分组成，一是鼻子闻到的香气，另一个是饮入口中，从口腔进入鼻腔的香气。啤酒香气的和谐、精准很重要。

泡沫：

泡沫对于啤酒中啤酒花的香气有特殊的释放作用。所以从啤酒诞生开始，人们就非常重视啤酒的泡沫。但泡沫并非越多越好，它的厚度跟啤酒的碳酸化程度有关，含气太多会盖掉啤酒花的香气。所以一杯酒大概有两指宽的泡沫即可。

品酒环境

啤酒常和花园联系在一起，啤酒花园的兴起要从德国啤酒厂的啤酒保存说起。为了确保酿造时的高温不会引发火灾，在干燥闷热的夏秋两季，工厂曾被贴上禁止酿造啤酒的标签。在冷藏技术还不甚发达的年代，啤酒商为了保存冷季预先酿制好的啤酒，就将其存放于伊萨尔河畔，再种植浅根类树木，利用植物维持低温以增强保存功效。这也就成了啤酒花园的雏形，无意间打造出的怡人饮酒环境让人更为愉快。

无论品酒是什么目的，环境都至关重要，与朋友们一起分享成果的时刻都非常激动人心，下面几点记得准备好。

明亮的光线：充足的光线让人心情明快，此外对于品酒来说，还有助于看清啤酒的状态。

洁净的清水：需要提供不限量的干净饮用水，可以去除口中干扰的味道。

垃圾桶：品酒会上总会喝多款酒，准备好垃圾桶，方便让人把不喜欢的酒倒掉。

纸和笔：要提供一些纸和笔，便于品酒者记录下喝到酒时的感受。如果追求更专业的表达，还可以准备记分表，便于进行评分。

△泡沫呈现着一杯啤酒的状态

明亮的光线可以让人更好地感受啤酒的状态 △

品酒杯具

器物之美，美在生活。正确的器物是一座桥梁，在丰富的啤酒世界里，面对不同风格的啤酒种类，选择合适的杯具可以呈现优质啤酒最好的状态，让你在品饮之间收获愉悦。

伴随着悠久的啤酒文化，啤酒器皿也经历了不同的变化。如今我们常用的玻璃制啤酒杯，其实广泛使用的历史并不长。与啤酒的诞生地一样，玻璃最早诞生于美索不达米亚地区，开始在日常生活中使用玻璃则是在埃及。毕竟早在古代，玻璃是非常昂贵的材料，直到 19 世纪后半叶才进入寻常百姓家。此前，欧洲大陆上饮用啤酒的常用器具是陶杯、金属杯。与前人使用的杯具相比，玻璃杯最大的优势就是——透明的材质最能表现一杯完美啤酒的完美状态。

品脱杯 △

郁金香杯 △

小麦花瓶杯 △

所以作为一个现代爱酒人士，请尽情享用自己的幸福权利。首先选用透明、洁净的玻璃杯饮用这美好的液体吧。

玻璃酒杯的种类繁多，选择恰当形状的酒杯，能够让人更容易感受到不同啤酒的特质。下面介绍 3 款经典、常用的现代酒杯。

品脱杯：大小适中，方便手握，适合饮用麦芽含量低的社交啤酒。

郁金香杯：19 世纪末出现的酒杯，几乎适合各种酒款，上部的凹陷有助固定泡沫，杯口向外延伸又使啤酒的香气很好散发。

小麦花瓶杯：拥有流畅曲线的现代杯型，非常适合小麦啤酒泡沫丰富的特点。

如何倒酒

倒啤酒的关键要点是要倾斜倒酒，具体的方法是将玻璃杯倾斜，在距离杯口 1/3 处的杯壁倒酒，尽量让酒液在杯底形成漩涡，这样可以去除适量的二氧化碳，让美丽细密的泡沫很好地呈现。

如何品酒

闻 / 拿到一杯酒，第一个动作是先闻。最好的方式是飞快地用力闻几下，试着记住那香气。

看 / 在对啤酒的香气有了认识后，就可以好好观察一番了，记录下它的颜色、净度、顶部泡沫的特点以及泡沫的持久性。

品 / 最开始不要大口品饮，与品鉴葡萄酒相同，可以先小饮一口，让液体在舌头上停留片刻，让味觉的感官全面感知，留意一些啤酒的基本风格特点，比如甜度、酸度、苦度、碳酸的杀口感、麦芽的香气等。然后就是细细感受酒体的饱满程度、回味悠长还是短促。

啤酒的温度

一般来说，要享受和判断一款啤酒，让其芳香和味道完全表达出来，合适的温度非常重要。不同类型的啤酒有不同的适饮温度，啤酒的适饮温度大致可以分为 3 类：冰凉、清凉和窖温。

冰凉：温度是 5~8℃，适用于酒体较轻的啤酒。包括美式淡拉格（American Pale Lager）、皮尔森、德式淡拉格（German-style Helles Lager）、清淡型美式小麦啤（American Wheat Beer）、兰比克（Lambic）、比利时白啤（Belgian-style Wit）等。

清凉：温度是 8~12℃，适用于大多数的精酿啤酒（Craft Beer）。包括印度淡色艾尔（India Pale Ale，简称 IPA）、未过滤的德国小麦啤、烈性黑啤（Stout）、波特啤（Porter）、三料啤酒（Tripel）、深色拉格等。

窖温：温度是 12~14℃，适用于酒精度高、风味浓郁集中的啤酒。包括经木桶陈酿的英式艾尔（English Ale）以及英式苦啤（English Bitter）、双倍艾尔（Double IPA）、博克（Bock）和大部分标有"帝国（Imperial）"字样的啤酒，如帝国 IPA（Imperial IPA）和帝国世涛（Imperial Stout）。

啤酒搭配食物

如果是比较单纯的品酒活动，食物可以准备得比较简单，主要的功能是照顾到喝过多款啤酒后疲惫的口感，白水、面包干、饼干、水果都可以帮助清口；如果是社交性质的品酒聚会，就可以根据所选的酒款进行一些精心的搭配。爽口的啤酒，如小麦、皮尔森可以搭配水果或蔬菜沙拉；浓郁的艾尔可以和鱼干这类风味同样浓郁的食物搭配；奶酪是与啤酒完美搭配的食物，当然还有肉类烧烤，不管是与清爽的小麦啤酒还是啤酒花味重的 IPA，都可以产生奇妙的化学反应。啤酒与食物，可以相互承载，也可以相互转化，它不像葡萄酒有些基本的原则，这里似乎完全根据口味，可以尽情发挥，每个热爱啤酒的人都可以自己在这奇妙的世界中尽情探索！

Chapter

04

发酵人物

时间酿造的热爱

发酵酿造本质上是物质的转化，但内在却是人对可能性的无尽探索。你可以把稀疏平常的原料，通过自己的双手交给时间酝酿，创造全新的事物，而且这个事物还能让人有愉悦之情，成为一种载体，连接更多的情感。这些将发酵酿造的热忱转为事业的人，他们分享自己的感受，帮助你理解这不可思议的魔法，它拥有改变的能量，无论是对自我还是对生活。

奶酪的发酵
就像人的一生

在科西嘉那第一口爆炸感

距离 2009 年创立"布乐奶酪坊"已经十多年过去了，如今的刘阳总是忘不了奶酪带来的最初的味觉感受，而开始做奶酪就像是打开了一个新世界的大门。刘阳小时候是喝牛奶长大的，奶酪并非餐桌上的主角。留法生活的前四年，他才吃到很多从超市购买的工业奶酪。第五年，冥冥之中刘阳被指引到了科西嘉，又因为大学宿舍满员，住进了一个小山庄，与奶酪匠人 Cezari 兄弟做了邻居。

有一天邻居送了块绵羊奶酪让刘阳品尝，"咸鲜，咸味有点尖锐，层次丰富的味觉慢慢在融化，直到你最后咽下去。"迄今他依然能细致描述出当时嘴里"爆炸"般的震惊感。奶酪直到吃完还让人惦记，于是刘阳又跑去找邻居聊天，并进一步要求空闲的时候去帮工。

刘 阳

奶酪匠人

布乐奶酪创始人
法国农业大赛奶酪组评委
世界奶酪行会中国区主席
CCTV中法文化交流50年50人之一
法国SACAVIN葡萄酒行会骑士
法国食品协会奶酪客座讲师
法国Saint-Maure de Touraine奶酪行会骑士勋章获得者

　　奶酪匠人不善言辞，就是手把手地教，曾经是硬件技术支持的刘阳上手很有感觉。从搅牛奶开始，满满一桶奶，要用木棍匀速不停地搅动上几十分钟，直至凝固成奶酪，看似乏味的操作，刘阳却似乎在其中找到了内心的平静。搅着搅着牛奶，刘阳日后的规划也被搅动了，原本打算读完企业管理回国找份好工作，结果变成了把法国手工奶酪制作带回国。为此，他专门跑到当地技术学院，系统学习了奶酪制作专业。当时很多同学都来自"奶酪世家"，实习就是坐车爬过几十公里的山路去同学家。刘阳发现，每家奶酪制作都有自家的特色，无怪乎法国会有成百上千种奶酪。

　　和红酒一样，制作奶酪是另一造物主施了魔法的美食艺术。奶、霉菌、空气经过时间的雕琢，创造出丰富多样的气息和口感，去诱惑你的味蕾。

　　2007 年，刘阳回国开辟自己最初的"试验场"——几平米的厨房，法国带回来的设备，用储酒柜改装成的奶酪发酵室。奶酪对牛奶的品质要求很高，他必须亲自一家一家去筛选供应商，保证配送，保证不能稀释兑水。因为羊奶供应缺乏，后来他还在北京西山农户家寄养过几只山羊。

除了条件简陋，父母开始也不认可他做奶酪这个主意。于是，他去找了份工作，晚上回来再鼓捣自己的奶酪工程。用掉上百公斤牛奶，半夜爬起来照看，刘阳终于做出了一款北京风味的奶酪"北京灰"。2008年奥运会期间，他接了法国电视台的一个翻译工作，三个月下来为他的"奶酪事业"积攒了笔资金，更重要的是通过这个工作结识了一些法国人，他们尝了刘阳的奶酪，都鼓励他继续。于是，刘阳搞了两场小范围的品鉴会，从法国使馆到在北京的老外圈子一下子都兴奋了：一个中国小伙子在做法式手工奶酪。他们纷纷留下电子邮件，盼他早点开业订货，口口相传就积攒了七八十个订单，刘阳对这事有了信心。

无法去实现别人的梦想

2009年，刘阳创立了"布乐奶酪坊"（le Fromager de Pekin）。"这是在中国仅有的标准法式奶酪制作坊"，刘阳穿上胶皮靴，骄傲地推开他的"奶酪城堡"大门，检验架子上一排排奶酪的发酵、成熟度，像一位经验丰富的农夫巡视自己辛苦播种的庄稼长势。

"北京红"，刘阳制作的一款水洗皮软质奶酪。"我尝试分别用盐水、红酒、啤酒、甚至烈酒洗过，色泽和口感都不同。"他沉浸在"奶酪试验"里乐此不疲，瘦高、戴眼镜、说话条理清晰的刘阳保持着理工男的特质。他把理工生的精准也带到了奶酪制作里，"抖手腕肯定撒不匀，小臂要像机械臂一样保持匀速运动，振幅不能超过奶酪中心半径的3/4，每个来回撒4下。"这是他实践总结出来的撒盐动作规范。他还想出办法，让工人们用铅笔在白纸条上涂抹线条找感觉。

所谓在做奶酪这件事上的天赋，他觉得动手能力是自己的优势。一个制作食物的好匠人，在刘阳的理解，一定对这事有追求，吃什么都无所谓的人是不会追求美食极致的。"对其有敏锐度、手上有感觉能出活儿。"

在 2015 年法国举办的世界奶酪大会上，布乐奶酪坊的"北京蓝"和"牦牛奶酪"从 27 个国家的 700 多款奶酪里脱颖而出，拿到了金奖。刘阳在奶酪这个领域的探索，一直被感性和理性规划共同推动：从好吃到尝试做自己的奶酪，再到认为自己的奶酪坊必须丰富多样才能称其为有地域性特色的代表。8 年间做了 27 个产品，现在消费者到布乐奶酪坊可以买到 6 大类家族中的所有奶酪产品。

刘阳曾经在接受采访时说过很狂的话："很难想象我自己不做奶酪，而去实现别人的梦想。"一门心思做奶酪成就了刘阳自己的梦想，现在作为世界奶酪行会中国分会主席，他希望让奶酪文化更加开放，让人们对发酵食物燃起更多的喜爱。

Q&A

Q 2009 年创立"布乐奶酪坊"，十多年过去了，对于做奶酪这件事的认知与理解上您有什么变化吗？

A 当时做奶酪就像是打开了一扇新世界的大门，好奇、探索、试错，解决各种问题，感觉我的人生那个阶段很渴望和需要这个新世界来填充。随着对奶酪研究的深入，这些年几乎把所有天然奶酪的品类都做了一遍，也遇到过各种各样的人和事，各种不同的生活体验，今天我还是喜欢给大家介绍奶酪的故事。我觉得用人生来比喻奶酪发酵挺合适：奶酪的发酵过程就像人的一生，刚出模具的奶酪白白胖胖像个新生儿，鲜嫩柔软，带着奶香味来到这个世界；几天之后奶酪开始长出绒毛，各种益生菌快速生长，乳酸味越来越多，奶酪迎来了它青涩的青春期；再过些时日，绒毛越发丰厚，奶酪成长为青年；不同品种的奶酪发酵几周到数月甚至几年后，发酵味变浓郁了，奶酪就成年了，保留下复杂的菌菇味、坚果味、土壤味、咸鲜味……在之后的时光中奶酪逐渐衰老，霉菌斑驳，不再美丽，发酵的氨气味越来越浓，甚至刺鼻，这时有人会唏嘘它青春不再，但也有人愿意欣赏它苍老的样子。我认为天然奶酪不讲保质期，只讲最佳赏味期，就好像人如果心态好就不老，心态崩就会立刻老掉。所以说不管是处于哪个生命阶段，奶酪都有值得人欣赏的味道。

Q 看到有说法说"奶酪工艺是一门控制的艺术"，这个控制该怎么理解？

A 影响奶酪风味的因素很多，从奶的加温开始，菌的投放时间、投放量、培养时间、切割大小、盐分多少……整个过程就像是生孩子再养大、送出家门的过程，时时处处都得操心，每个步骤都是一个影响结果的变量。

Q 奶酪属于发酵食物的一种，您理解的发酵是什么？发酵食物的魅力在哪里？

A 保存食物的方式就两种：一种是阻止微生物生长与我们争夺食物，比如冷冻、干燥、腌渍，到后来的工业食品加防腐剂都是这类作用；另一种是让一些微生物优先生长在食物上，形成菌群优势，从而防止有害菌生长，发酵就是这样的保存食物的方式。发酵存在于太多事物上，奶酪、豆腐、肉、酒、饮料、酱油、醋、泡菜……一切皆可发酵，我看人和动物都是发酵的"反应堆"，人体有超过4万种催化酶来实现各种机能，吃喝就是往反应堆里添加"燃料"，吃发酵食物和生食可以帮助这个反应堆正常工作。

Q 对于新人来说，奶酪制作过程中最困难的地方是什么？该如何应对？

A 做奶酪就要心灵手巧吧，其他都迎刃而解。

Q 现在还会亲手制作奶酪吗？在制作奶酪时，自己会进入什么状态？

A 还是会做的，做奶酪的时候是一种没有情绪的状态，自在、舒服，有点像打太极拳的感觉。我最喜欢的工作是搅牛奶，一边搅拌一边抛开心理活动。

Q 如何不断精进奶酪制作技艺？

A 放下一些没用的负担，专注意识，想法自己就来了，保持这个状态，手艺也就精进了。

奶酪的风土实验

柴米多品牌在大理创办以来，忠于并发扬当地特色，构建"从农场到餐桌"的本土日常，并积极推动柴米多认定的"社区支持农业"。一方面，大理的柴米多生活农场推出本土风土实验制作农场奶酪，利用云南独有的生产和食用奶制品的基因，结合本地人愉悦的心态，催生出云南奶酪的独特性。每一块奶酪都蕴藏着大理的阳光和空气，当浓郁的奶香味在舌尖展开时，仿佛能让人感受到大理的自由和安心。另一方面，搭建桥梁，以农产连接城市，积极发掘云南本地的优秀奶酪制品进入城市餐桌。

美香奶酪（贡姆奶酪）

在 2015 年法国举办的世界奶酪大赛上，一款用香格里拉牦牛奶制作的奶酪获得了金奖。这款奶酪的名字叫作"贡姆"，制作奶酪的藏族阿妈用牦牛吃的一种植物来给它命名。

制作贡姆奶酪的美香奶酪厂在一片有高山湖泊的原始森林中，用牦牛奶制作奶酪已有 13 个年头。最初的两年一直在摸索阶段，后来得到来自美国威斯康星大学的奶酪专家的指导逐渐成形。在独克宗古城的美香奶酪店铺内，陈列架上用褐色桦树皮包裹起来的贡姆奶酪似乎有意隐藏它的独特。它使用香格里拉牦牛奶做原料，因其奶质特殊、奶味比较厚重，所以做成的奶酪更为特别。每一块贡姆奶酪制作完成后最少在工厂持续自然发酵三个月后才会出厂。后期存放可达两年或更长的时间。

来自香格里拉的美香奶酪 摄影／琦琦 △

六

自然农法践行者
音乐人、酿酒师

自然地发酵刚好

　　六是日本千叶县人，本名上条辽太郎，他在城市里长大，18 岁和 22 岁时先后两次离开日本，到澳洲、印度和中国旅行。年轻时的他希望去不同的地方，遇到喜欢且适合自己的就住下来，但没有什么地方让他停留超过一年以上。后来机缘巧合迁居到大理，这个地方不仅让他停留下来，还与另一半阿雅一起生了三个可爱的孩子，有了完整的家庭。

停留下来，六毫不费力地找到了自己的生活方式。他喜欢自然的一切，用自然农法耕作种植，在家中制作发酵食物，就连孩子们都自己接生。在他看来，人活在自然之中，永远是自然的一部分，不必用力过猛，不必太过聪明，找到自己喜欢的方式，坚定地、简单地生活会快乐很多。在大理生活的八年，六用自然农法种植土地，他不使用化肥、农药，不翻耕土地，花时间去了解这片土地适合种植什么，如何与它们相处。六说："我不是用外力来改变什么，我只是自然的一部分。"他没有打造有机农业的宏图大志，耕种仅仅是因为喜欢，可以自给自足的生活，而土地、劳作和自然中的事物也让他亲近和放松。

时间在自己手中，就尽一切可能去完成喜欢的事。发酵酿造只是因为自己生活的需要，做味噌、清酒、泡菜和豆腐乳，是生活中食物的需要；做乐器、玩音乐，是精神层面的流动。他觉得，看不见的菌群在一段时间里相互影响，形成发酵食物特有的味道，这些有益菌对身体很好。而不同的菌群在空气里相互作用，这有点像人和人在彼此的气息里交往——我们带着各自的细菌生活，在某种契机下开始相处。

2019 年，六离开了大理，举家搬往浙江生活。离开，是因为太过舒适了，而全新的目的地，让他再度去了解一片土地。他相信信念的力量，因而对自己在大理的自然农法实践有自信，他相信手工劳作的力量，制作者的心念能灌注其中被他人接收到。六搬到松阳的一个小村中，全镇方圆几百里都没有外国人居住，他们一家子在一处靠山面田的老

宅里开始了新生活，耕种、酿造、做食物、做音乐、养鸡、养果树、养孩子，与自然相连的生活自然地进入节奏。这里没有大理热闹的派对，按季节安排好生活节奏，日出而作、日落而息，傍晚时一家子在山林间散步，遇到同村的老乡，六会停下来问"今天好吗？"六喜欢这样的交流，在大理很少与本地人互动，一年下来村民们从开始的不解、好奇，慢慢都习以为常。偶尔会有城里来的人拜访六，学习自然农法种植、发酵酿造，村里人已经习以为常，知道这家子就是平平静静地生活在这里。

松阳的第一个冬天，六制作了第一批味噌，味噌要一年的发酵，在较冷的月份制作效果最佳。想要酿出好喝的清酒，也要选择合适的温度，5~10℃是最佳的发酵条件。六认为如果理解了自然界永恒变化的本质，人就可以接受每一次制作发酵食物口味上的不同，没有绝对统一的标准，每个人可以找到自己喜欢的味道。

对六来说，生活从来不需要太过具体的规划，相信和认真是很重要的。自然而然地种植、发酵、酿造和音乐成为他安身立命的事情，因为相信这个选择，那就认真去生活，不需要活得像别人，按照自己的节奏，自然生长就好。

△六一家在松阳的自然生活

Q&A

Q 为什么会选择味噌、米酒这些发酵食物进行制作呢?

A 其实很简单,就是我自己生活的需要。日本人饮食完全离不开味噌;做酒是因为我喜欢喝酒,朋友来了可以一起喝,在大理的时候每当风味特别的米酒酿成,我们便会邀请朋友来家中品尝。夏天天气太热了,回到家里有一杯冰冰的啤酒,实在太幸福了,就自己做吧。

Q 喜爱发酵食物,也喜欢自己制作,你喜爱发酵的原因是什么?

A 过去在日本每个小家庭都会自制味噌、纳豆,每一户所做的味道都不同,味道丰富多样,每个人当然最爱自己家里的味噌。随着经济的发展,日本人的饮食习惯也发生很大变化,大家不再自己制作这些传统食物。而我喜欢自然的状态,不同的地方菌群有着细微的差别,不同的土地有着自己的个性,自己动手制作的东西体现着自己的信念,自己的生活选择,不是标准化的,却有着制作者的心思在里面,而且能学到很多东西。

Q 日本和中国都是发酵大国,你在发酵制作过程中了解到有什么不同吗?

A 日本发酵最重要的东西是曲(日语为麹),比如做味噌、酱油、清酒,前面都会有制曲的过程。关于酿酒这件事,中国与日本有非常大的不同,在日本做清酒的要求很严格,需要有相关的证照、资质,同时设备和材料也很贵。我一直在各地旅行行走,热爱手工劳作,喜欢亲自用手完成一件事。在中国,有很方便的机会可以开始酿酒,也是想试一试。我是在中国大理定居生活后才开始尝试自酿米酒,菌是从日本买来的,曲是根据书上的资料自己摸索着制作的。虽然我抱着学习的态度,但是还是愿意按照传统的流程去制作,与身边中国酿酒的朋友最大不同,是不会简化那些看起来貌似不必要的动作。尽管是看不见的事情,我还是会严格遵循步骤,但也会尽量去做实验。这就像种植农作物,这个地方能不能种这个东西? 土地有何特性,水是怎样的,都要你耐下性子去感受。发酵酿造也是如此,需要去了解这个地方,然后进行适当的调整。我乐于去尝试、去摸索、去学习。

Q 耕种和发酵都会需要时间,你是如何理解时间的?

A 我们会在冬天制作味噌,味噌要发酵一年。对于土地来说,一般五年会看到一个比较好的状态。回想起我在旅行的时候,时间很多,很自由,如今停下来时,会发现自由的意义不同。比如种植、发酵,都要在合适的时间开始,这样时间就变得非常重要,让我有了生活感,变得更有责任感。

Q 谈谈第一次在松阳做的味噌吧。

A 每年冬天我们都会做味噌，因为如果不做，就意味着明年没有得吃了。2020 年的冬天，我正在装修松阳的房子，那时还没有完全完工，我就先把做味噌的灶台装好，这样可以首先保证制作味噌。在较冷的月份制作味噌效果最佳，因为此时空气中不会有造成污染的微生物；较热的时节会有较多霉菌与细菌，易导致成品味噌状态不佳或变酸。我们在大理生活的时候做过味噌，但到了新的地方还是要根据本地的气候做出微调。比如米泡水的时间、蒸米的时间等，都需要根据新的天气情况进行改变。在松阳第一次做时，全家人一起上阵帮忙。保温的 24 个小时很关键，要保持在 40℃以下，一切正常就等到麹进入自然发酵的状态。整个过程要有条不紊地进行，不必太着急，耐心等待一年的时间，就可以吃到这熟悉的味道。

Q 在很多人看来，选择你们这种自然的生活方式需要太多勇气了，你怎么看呢？

A 其实谈不上勇气，我觉得信念和认真才是最重要的。如果我不相信，那就不会有自信，也不会有信念，就很容易受到别人的影响，可能会摇摆、会改变。但因为我们坚信这种生活，自然的，自给自足的，也不知道为什么，我就会觉得会有好的事情发生。在当今社会中，经济富足与内心富足如何才能平衡呢？我只是一个喜欢音乐和种植农作物，与自然共生的普通人，我能做的就是以自己的生活作为实践。在我眼里，选择喜欢的生活方式，拥有满足基本生存需要的经济基础就是经济富足，而与家人陪伴、与土地自然打交道，让我充实，那就认真地生活吧。

Q 制作发酵食物，会面临不可控的微生物活动，会担心失控吗？

A 如果担心失败我就不会选择这种生活，我尊重自然，相信自然的力量，哪怕失败也是好的事情，让人学习更多。比如自然农法，也不是会一直都会成功，就算在一个地方待很久，还是会遇到不同的天气，不同的土地情况，那就需要在不同的条件下去适应、去继续。另外发酵食物如果没有误操作，染菌腐烂这样的情况出现，我觉得发酵食物不会有太大的失败，可能只是在味道上会有差别。

△ 这是自然的生活，稻米夏天开始插秧，等待未来的收获

六第一次在松阳家中制作味噌 △

陈皮
Peter Chan

艺术家、厨师兼发酵师

**未来，
在于酱油**

陈皮出生于德国的一个小村庄，在柏林读大学，日常的生活中很少在外进食，如果不是来到了中国，整个味觉世界被完全颠覆以及再度打开，陈皮觉得自己应该不会对饮食，特别是东方的发酵食物这么感兴趣。如今的他，是一位致力于食物和饮食议题的烹饪实践者及理论研究者，利用发酵食物进行食物议题的艺术创作，思考更深远的关系与连接。

2020 年国内疫情最严重的时候，陈皮抱着康普茶的菌种来到北京歌德学院，开设了"发酵站"艺术驻留计划。几个月的时间里，他都在为发酵康普茶而忙碌着，既亲力亲为地清洗发酵器具，又在线上提供康普茶菌种，让感兴趣的人进行"领养"。来到歌德学院做艺术驻留计划前，陈皮在柏林有两年的厨师经历，为一家音乐厂牌的 20 个员工每周制作两三次午餐。正是那个时候，他跟柏林一家有机农场合作，这些品质好的水果蔬菜让他开始思考如何处理这些食物？如何在最好的时候利用最好的部位？如何减少食物的浪费？用发酵这种古老的方式保存食物，又增添它的风味，就很自然地进入陈皮的视野。

在日常烹饪生活中，陈皮对周遭环境中的"食物景致"与"饮食之道"很感兴趣。他研究围绕食物的个人与集体身份的形成和建构，以及它们与地方、文化，甚至其潜在的制备技术和口味美学之间的关系。从第一次制作韩国泡菜，到在柏林的家中制作康普茶，以及现在钻研中国的酱油，陈皮研究各种烹饪信息的来源，收藏旧书，翻阅古籍。作为一名烹饪实践者、厨师和发酵师，陈皮不断地质疑着自己在(营养的)土壤与(被滋养的)身体之间形成的食物链中所扮演的角色，同时反思着该角色对食物制备和消费带来的社会及环境的影响。

陈皮将食物视为介于自己与物质世界之间充满活力的媒介，并充分考虑食物的创造性和生产维度，以及围绕着它们而展开的美学和感官体验。

在与食物的共存经验中，他对农业生产的生命循环、转化加工的过程及其

陈皮的康普茶发酵 △

"生成"的可能性颇感兴趣。陈皮积极地投入到与人们切身相关的周遭环境中，并将发酵实践的场所视为一种能够将私人和公共厨房中的烹饪实践转变为多物种生态系统的载体——在其中，人类和微生物（如细菌、酵母及霉菌）能够在此进行合作，并增强所有可能构想的食物中的感官特性和营养属性。

　　陈皮认为，发酵或许会成为人类未来最值得研究的烹饪实践之一：发酵有助于提升食物的味道，酱油、味噌、泡菜等亚洲餐桌上常见的调味料都与其密不可分——东亚饮食文化里讲究的"鲜"就来自看似简单的调味。同时在他看来，发酵对环保有重要的意义，过期的食材经过发酵变成新的美味；寡淡的素食也能通过发酵调味变得更容易让人接受。他试图从古老的《齐民要术》中寻找答案，希望通过不断地实验来找到当下的答案。

　　陈皮并非艺术专业出身，但他希望用艺术这个媒介和发酵酿造结合起来，表达自己对食物与人类和自然关系的思考，希望通过自己的实践来鼓励个人和集体与食物接触。发酵酿造最关键的是什么？陈皮会说要控制好时间。一个学习社会学、当过厨师、着迷于发酵制作又热爱音乐演出的人，会把时间安排妥当，在处理好家中的瓶瓶罐罐后，用艺术和音乐继续表达自己的思考。

左图：陈皮学习的酱类生产工艺书籍　右下：豆曲的制作　△

Q&A

Q 2020 年疫情期间来到中国的歌德学院作驻留艺术家，开展发酵站的驻留计划，是什么契机有了这次驻留创作？这次为什么会选择康普茶作为创作媒介？

A 我在柏林的家里做了很多发酵的实验，2019 年的圣诞节，歌德学院的一个前同事来我家做客，他看到这些夸张的瓶瓶罐罐，觉得非常有意思。正好他们也在关注生态环境的问题，这个项目最初就这样开始了。2020 年 2 月份中国疫情最严重的时候，我从柏林飞到了北京，和我一起飞来的还有康普茶的菌种，在酒店隔离的 14 天里，我不是太担心自己，更担心的是菌种失去活性。为了保持它的活性，在酒店有限的条件下，我就隔阵子把它从冰箱拿出来，放在常温环境下，过阵子再放入冰箱冷藏，这样交替不停。最后它虽然过了几星期才适应北京的环境，但还是保持了活力。这个项目完全没有先例可以参考，但后期得到的反馈都很好，大家都觉得很有意思，因为这个项目，不同的人群都被联系起来，这也是我觉得很开心的地方。

Q 提到建立联系，这也是发酵的一种特性，比如说菌种的关系在社区常常是被分享的关系？

A 对，这也是我关注发酵比较有趣的一点，这种被分享的关系很特别。比如我这次驻留创作的菌种就是柏林的一个朋友送给我的，他的也是别人分享的，我们不知道第一个康普茶菌种从哪里来，但是它又一直被传递。这次在歌德学院的创作中就有一个环节，会在线上分享"领养"菌种，也叫"康普茶妈妈"，让更多的人来体验发酵酿造的乐趣。

Q 在这段驻留创作中，有什么跟发酵酿造有关的心得分享吗？

A 康普茶的制作需要非常干净的环境，它们跟油不是好朋友，所以在制作的时候要特别注意灭菌消毒以及分配时间。我做的康普茶很多，真是很忙。要把握好收割的时间，虽然一般是 7 ~ 14 天，但还要取决于一些条件，比如温度会决定它生长的程度。你需要仔细观察它的状态，然后决定如何对待它。康普茶入门很简单，但想要做得精准，其实还有挺多讲究的。另外，康普茶的发展路径也是我感兴趣的事，我收藏的一些 20 世纪 80 年代的老书中提到过康普茶，最早出现了红茶菌。但后来在西方国家很多人去尝试制作，现在回到中国又变成一个新鲜的概念，这就很有意思。我在看《齐民要术》，发现当时有很多类似的制作方法，比如用发酵过头的酒，我比较好奇的是，还有什么能拿来做康普茶，想要去做些新的尝试。

Q 除了制作康普茶，还有哪些发酵酿造的尝试呢？

A 我在做康普茶之外，也尝试开始制曲。米曲霉需要找到培养基质，另外要为它创造合适的生存条件，一次需要 40～50 个小时，在这个过程中要仔细观察它的状态。如果温度过高，霉菌就会自灭。发酵制曲，跟制作、容纳以及放置食物的用具、仪器和器皿无法分开。目前，我的工作环境是自己家，屋里的一些空间是为了饮食加工和食物存放而设计和安排的。不同房间的不同位置摆放着各类相关物件。有些相对固定，有些经常换位，有些随机放置，有些故意摆放。我 2021 年夏天参与的展览《李氏家宅鸿运展》，就是来自这个命题思考，作品中的所有食材、器皿与用具是针对风水方位所需需向而选的。制作过程中，食物经过不同霉菌、细菌和酵母菌的转化，多次换过容纳环境和存放位置，是个很有意思的尝试。

Q 艺术创作在于提出问题，你关于发酵的艺术创作是利用米酒、豆曲作为媒介，十分有意思，想要表达什么样的思考呢？

A 我对发酵酿造的兴趣出发点是味蕾，我认为味觉是需要认真探索的一个部分，在五感之中它非常直接，又跟每个人的生活息息相关，这可以关联到我们的文化、身体和身份。发酵来自于自然，关注这个领域就是了解微生物。目前这个时代，人类已经可以影响到一切的生物，那么对发酵的关注，可以帮助我们对微生物的理解，可以思考我们和微生物的关系。

Q 制作发酵食物会面临不可控的微生物活动，会担心失控吗？

A 会的，在制作过程中我会睡不着觉。特别是在歌德学院，不像在家里那么方便，我甚至会连夜跑来专门观察菌种的状态。如果经验不是那么丰富，就需要花更多的时间，好好安排。

Q 你认为发酵或许会成为人类未来最值得研究的烹饪实践之一，具体原因是什么呢？

A 我意识到生态环保的问题，需要人们尽快去面对，应该对当下的现象进行真正的反思。在我看来，发酵可以解决一些问题，首先吃得原生态，另外发酵食物可以减少食物浪费。我往往会说我们的未来在于酱油。为什么呢？豆类的化学结构很复杂，通过发酵工艺豆类被制成曲，最后酿制成酱油，这种特有的鲜味或许可以成为我们抛掉鲜美肉类的替代品。我认为这些酱油、腐乳、豆瓣酱能提供非常有层次的鲜味，或许是我找到的答案。

△ 图片由艺术家和空白空间（Courtesy artist and WHITE SPACE）提供

陈皮在歌德艺术学院制作康普茶工作坊的场景 △

刘新征

九吋精酿创始人

发酵的魔法，
用酿造去探索时间与空间

　　总记得年少时的夏天，天气炎热，但在北京啤酒厂工作的姥爷会给他喝刚打出来的新鲜啤酒，那一阵清凉从上到下流淌，似乎夏天也变成件美好的事。这第一种接触的酒精饮料"啤酒"，就这样深刻地烙印在一个少年的心中。不知道有没有决定关系，成年后的他一路与发酵酿造发生关联，大学读发酵工程专业，工作在中国食品发酵工业研究院。从 2000 年到 2015 年，整整 15 年。如果没有"九吋"这个酿造品牌，刘新征的日子也许会一直这样过下去，囿于一份安稳的工作。

2015 年是个转折年，热爱开始生根发芽，多年的科研积累在那个春天一触即发。他购置了发酵设备，利用周末时间粉碎麦芽、糖化发酵、罐装贴标，每一步都手工操作，第一批酒送给朋友品过后，大家反响都很不错。那几年的每个周末，他总能在麦芽、啤酒花和酵母组成的世界里流连忘返。专注投入，无关成就，只为酿出不随波逐流的酒。三番两次之后，有人提出，也许他可以真正开始做这个事情。有做设计的朋友包揽了设计，并一起敲定了"九吋"这个名字。"九"是至大的数字，寸却有自谦与节制的象征。一大一小，一开一阖，在自由的尺度里揣摩。自此，九寸金钉也成了他另一个符号的名字。

从事多年发酵行业，他迷恋这种物质与物质间的转化。水、啤酒花、酵母、麦芽，相互组合，成为一场仪式。在时间作用下，平淡无奇的原料转化为好酒，不同于大厂流水线生产出来的千篇一律的工业化产品，在这场完全由他自己操控的仪式中，他认为自己酿造的啤酒更应该承载风格与艺术，能留下不同季节与特殊的人的印记。2017 年年底，为了寻找好山、好水，刘新征举家搬往大理，筹建九吋空间和九吋首家 Lab 线下店，不断进行发酵酿造的实践探索，以每年一个新品的速度延展出苹果西达、蜂蜜酒、米酒等类型，"酿酒是我和世界沟通的途径。"

在他看来，发酵酿造这项古老的技艺传承，意味深远。用物承载时间与季节的流转，而味道则连接着人与人的关系。在被酿酒定格下来的时间里，他希望自己的性格和对事物的理解也被同时定格在其中，并在酒瓶开启的那一刻还原出来。

发酵是种魔法，一开始刘新征仅仅是希望酿造的酒传递自己对酒的理解，但在拥有了不同城市的生活经历之后，他又进一步深切地感知到发酵酿造在不同地区的文化性，它丰富又多样，与当地的风土以及这片热土上人们的生活方式息息相关。

Q&A

Q 热爱发酵酿造，积极进行酒类发酵的实践，你喜爱发酵酿造的原因是什么？

A 我的背景和经历让我用更严谨的态度对待自己热爱的事情。首先，发酵酿造可以使食物中的营养物质更易吸收，增加食物的风味，对身体有益；第二点，将通过发酵酿造制得的好酒分享给更多人，带给他们同样的乐趣，交到更多的朋友；第三点，发酵酿造本身是一种生活方式，它需要不断磨炼自己的意志，懂得恰到好处，适可而止，收放自如。

Q 发酵酿造会面临不可控的微生物活动，会担心失控吗？

A 人们总是会对不熟悉的事物感到恐惧，因为我了解发酵酿造，所以不会有太多担心。我理解腐败菌和致病菌对于发酵酿造的危害，微生物发酵是指利用微生物在适宜的条件下，将原料经过特定的代谢途径转化为人类所需要的产物的过程。发酵是控制的艺术，失控意味着危险和失败。所以我认为发酵是在可控的条件下，为微生物提供舒适的生长环境，从而获得我们想要的风味和营养。

Q 在发酵酿造过程中，你觉得哪个部分是最困难的？

A 我觉得没有什么是困难的，但是我认为最关键的是选择合适的食材搭配合适的微生物群体，在合适的生长环境下取得最佳的酿造成果，把这些因素和谐统一地整合在一起，才是发酵酿造最需要认真考量和思索的因素。

Q 看你最早开始的是啤酒的酿造，为什么会开始自酿啤酒？

A 首先是因为我喜欢喝啤酒，因为家里有长辈在啤酒厂工作，所以我在很小的时候就品尝过新鲜、没有经过杀菌的啤酒，应该说啤酒给我留下了非常好的印象。后来认识了一位美国朋友，是他带我进入了精酿啤酒的世界，从那时起我才知道，原来啤酒的品类和风味那么多样。正好自己从事的也是相关专业，所以顺其自然地就做起了啤酒。

Q 从啤酒开始，又尝试了苹果酒、米酒、蜂蜜酒，一步步的灵感是如何产生的？

A 我觉得在酿造酒之前要先了解酒背后的文化和历史，苹果酒作为全球第二大果酒有着悠久的历史，距今已经有2000多年的酿造史。蜂蜜酒应该是人类最先酿造的酒类，也是新婚夫妇"蜜月"的由来，而米酒是最具中国特色的酒类之一，我觉是这些酒类背后的故事和历史吸引我开始尝试酿造。

Q 酿造发酵饮料，什么因素会决定一批酒的品质？

A 酿造发酵离不开原料、微生物、时间和一些创意。要想酿出好的产品，当然每个环节都应该尽善尽美，但是对于发酵酿造来说，微生物的作用无疑是最关键的，没有微生物的介入，发酵也无从谈起，所以选择对的微生物，同时为微生物提供最佳的生活条件，让他们舒适地成长，这是最关键的。只有这样，微生物才能提供最好的代谢产物，获得丰富的风味物质和鲜明的味道层次。

摄影／顾辉烽 △

Q 发酵需要时间的积累，在合适的时间开始，在合适的时间结束，如何理解时间的作用。

A 我认为时间是制作发酵食物的原料之一，不可或缺。发酵酿造就是时间的积累，微生物有自己的生命周期，在给微生物提供最佳生活环境的前提下，选择最佳的开始时间和结束时间，就是考验酿酒师水平的一个标准，从另外一个角度来说，发酵是控制的艺术。

Q 有着发酵专业科研研究院的工作背景，到目前自己做酿造品牌，你觉得现在的选择和之前的工作有什么不同？

A 我认为发酵是在探索人与微生物的关系，人与食物的关系。毕业后在中国食品发酵工业研究院工作的时间里，对于发酵工业和食品加工有了更加深刻和系统的认识，对于新品开发和实验设计积累了大量经验，我觉得这些经验和认识对于现在做的事情有着非常大的帮助。目前经营自己的酿造品牌，和之前的不同在于有更多机会接触到对发酵酿造感兴趣的非专业人士，他们会从多个维度理解发酵酿造，这对于我这个多年从事食品研发工作的人来说，是思维上的突破，加深了发酵本身除了食物之外对于人本身的影响。

Q 你所理解的发酵酿造是什么？

A 发酵是一种历史悠久的生化现象，在人类还没有出现前，这种现象就已经存在于地球上了。人类偶然发现了这种现象，通过发酵可以更好地保存食物，同时带来更加丰富的味道和营养。我觉得有意识地主动制作发酵食物本身就是人类特有的标志，发酵酿造史就是人类历史的一部分。时代发展到今天，发酵酿造已存在于人类生活的方方面面，太过平常以至于常常被人忽略，但是我们的生活离不开发酵食物，发酵酿造在拓展食材本身的深度和宽度的同时，为我们提供更易吸收的营养物质，同时它也是文化的分享与传承。

Q 未来想尝试什么新的发酵酿造产品吗？

A 一定会的，我会继续深入研究身边的微生物，比如果子上的、稻米上的、空气中的，观察它们的生存条件和生活习性，让它们协同作用，酿造啤酒、果酒或者米酒，看看能给我们带来哪些惊喜。

晏子

山非蒸馏创始人

生活在酿造中自由流动

Q&A

Q 山非品牌之前做啤酒，现在做蒸馏酒，是什么原因让你们在酿造上不断尝试？

A 我先生魏道非常喜欢喝啤酒，最早他家酿酒自己喝，后来他给了我很多灵感。我们酿酒的时间越来越多，慢慢就开始从金酒进入蒸馏酒。要说两者的不同，蒸馏酒状态更为稳定。时间不是它的敌人，只会让它的品质越来越好。

Q 有什么跟发酵酿造有关的心得分享吗？

A 原则其实是其次的事，最重要的是你要有热情、有热爱。你可以根据教材里的流程一步步制作，但心中没有爱，还是不能做出好的东西。酿酒这件事我是从业余时间酿着玩到现在专职酿，也是慢慢发现我自己非常适合，这是件技术和艺术相结合的事，充满挑战又需要不断追求完美。然后就是逐步积累，一步步做，从最简单的开始，慢慢找到自己的风格，拥有自己的骄傲。

Q 在发酵酿造过程中，你觉得什么是最困难的？

A 说实话朗姆酒和威士忌酒对我来说是难的，你如果把它蒸馏成纯酒精，这是很容易的。但是朗姆和威士忌有它的发酵和蒸馏特点，不单单是技术，需要更多的经验。最简单的其实就是最难的，比如说烤肉，只需要一个烤箱、一点盐、一点香料，道理很简单，但你要控制得好，保持良好的风味就不简单了，你要观察它的状态，选择合适的时间，进行正确的处理，这就是难的部分，就需要更多的时间、更丰富的经验。

Q 发酵有着强烈的地域性，在酿酒的过程中如何理解和体现？

A 我们喜欢尽可能本地化取材。生活在云南大理，酿酒原料自然也来自这片热土，香格里拉的青稞、金沙江边的草莓、普洱的咖啡花蜜、大理的青梅。如果有的原料没有合适的供应商，我们就会试着自己种，小规模进行酿酒实验。在大理酿酒 5 年多，做了很多的实验，直到 2021 年，我们终于拥有了一个集生产、品酒、售酒于一体的空间，山非的酒都是百分百本土生产，希望未来在本地做更多有意思的事。

李峰

植物思维酿造酱油品牌创始人

在酿造中感知自然与四季

　　桐庐人李峰早年从事有色金属行业，虽说是一个环保产业，但制作过程其实并不环保，他就萌发了另外寻找方向的念头。农民家庭出身让他天生有着对农业感兴趣的基因，在去各地考察农业的过程中，他发现很多农场种植的相关产品卖不出去，于是他就产生了一个想法，帮助这些农场主深加工农产品，没有了后顾之忧，他们只要专心种植即可。因此他开始了传统酿造方面的尝试，一接触就停不下来，用他的话说就是"发酵酿造这事上瘾，太好玩儿了！"

Q&A

Q 在几年的制作时间里，最大的心得是什么？

A 其实发酵不是人为的，是自然里微生物的转化，非常神奇。比如酿造酱油，最开始我想尽办法去找老缸，上面的盖子要选择五年以上的毛竹，因为能更好地防蛀，找老篾匠师傅编出来。使用的盐都找了很多种。人参与的只是创造有利的条件，为微生物发酵提供好的环境，用传统方法酿酱油，最少也要一年，给它们转化的时间过程。2013年第一缸酱油出来，我真的是太开心了，完全没想到它会变成现在的状态。

Q 之前曾去日本考察酱油酿造，在你看来，不同地域对发酵酱油的理解有什么异同？

A 去日本学了很多，它们的酱油每个细节都做得很好。日式酱油延续中式酱油古法酿造的优良传统，结合现代化技术，高盐稀态工艺发酵酿造，使得日式发酵更充分。传统的发酵方法，最后不会加入盐水进行压榨，完全是抽取式的，相比之下效率肯定低。但我认为味道更纯正。这就好比用老母鸡熬鸡汤，小火慢炖，最后不会加水稀释，才能保证真正原味的浓汤。老祖宗说，酱油一定要有"油"，就是动物的那种醅香味，回味悠长，你仔细去品一品，就会发现这种区别。

李峰的酿造空间在桐庐大奇山的脚下，林木繁茂，空气洁净 △

Q 酱油在我国的传统饮食文化中历史悠久，也被西方美食圈认为是鲜的探索方向，你觉得传统酿制的酱油与工业化酱油的本质区别是什么？

A 酱油是中国菜的灵魂。真正的好酱油是鲜而不夺其本味，比如煎松茸，最后几滴好酱油，它不仅不会盖住松茸的香气，反而会有助香气的提升。那些非传统酿造的工业酱油味道缺乏层次，会盖住主体的味道，无法真正体现这个鲜字。我做酱油，也做茶叶，包括种菜，会发现人和自然的能量交换其实依靠的就是食物，食物和自然的交换就是时间作用下的阳光雨露。传统酱油制作，一年以上时间"晒酱油"是基础，所谓日晒夜露，在一个空气洁净、微生物丰富的环境下，经历不同的气候情况，内含物质的能量转换肯定是不一样的。比如下雨天，虽然盖子盖上，但是缸是会呼吸的，而下雪天，酱缸表面结一层薄薄的冰，结过冰的酱油，它的风味会更好。

Q 制作发酵食物会面临不可控的微生物活动，制作酱油的过程中有什么部分需要特别注意吗？

A 我们去日本传统酿造酱油厂交流，他们非常谦虚，说酱油就是从中国传过来的。中国传统酿造酱油工艺始于汉，兴于唐，酱园始于明末清初。每年开始做酱油前，师傅会带着徒弟祭拜，下缸时严格规定不能讲话，我了解到以前的规定是嘴里会叼一根筷子，就是避免你讲话，跟口罩的作用一样，以防不卫生的菌进去。这些仪式，都展现着对食物这件事的认真与尊重，怀有一种恭敬心。包括我们以前传统做酱油，酱坯好了，从哪个方向下缸、什么时间下缸都是很有讲究的，当时讲不出什么原因，不知道科学的原理，却是多年的经验积累出来的行为原则。每一个细节叠加起来，才能保证品质好的产品。如果这里差不多，那里简化一下，最后的结果肯定就不会是好的。

Q 一直在做发酵酿造酱油这件事，是什么原因让你没有停止？

A 微生物太神奇了，没有微生物哪有这个世界啊。比如我们的酱油叫活酱油，为什么呢？因为它含有丰富的微生物，对身体非常有益。由于做酱油这件事，我对饮食也开始越来越关注，早年应酬太多，吃得不规律，也太贪吃，2012 年的时候身体也不好。通过酿造，才发现是自己生活方式的问题，我开始反省自己的生活。一个要有控制，另一个是要懂得吃自然、健康、品质好的食物。这都是发酵酿造给我的启发，改变了思考的方式，整个人的状态非常轻松。这都需要开始去感受，去体验。就像我每次淋酱油，淋到最后都会产生一种真正的喜悦感。

Q 传统酱油的制作要经过漫长的时间作用，现在对时间尺度的理解完全不同吧？

A 其实只要种过一年菜，你就理解了四季与时间，完全不用记了，有着非常强烈的感受。知道什么时候播种，什么时候夏天来了，什么时候板栗最好吃。与土地关联起来，用双手去制作，就能感受到真正的时间。

常天乐

北京有机农夫市集召集人

分享、交换、连接，
发酵食物拥有自己的能量

2020 年，北京有机农夫市集迎来了十周年。谁也没想到，在当下这样快速发展、追求效率的时代，这个最初帮助农友卖菜，坚持追求健康生活、抵制浪费的机构居然活了下来，甚至熬过了最困难的新冠肺炎疫情，同时还在偌大的北京打造出积极且充满活力的社区。作为召集人，天乐有着多年公益组织的工作经历，一直关注环境、社会公正和社区发展。在她看来，食物与人的生活息息相关，如何呼吁更多的人从旧有的食物体系中脱离出来，支持那些呵护土地的小农，找到生活中真正的味道，通过食物重建人与自然、人与人的连接，是天乐一直坚定走在这条路上的原因。

在做农夫市集这些年来，天乐了解了食物是如何生长、生产而来，她倾向于那种被手工制作出来的食物，在市集上购买有机产品，这样她发现既克制了自己多余的欲望，又能等到食物最好的时候食用它。她相信，食物的营养、味道和生产方式息息相关，那些没有经过农药、化肥等外在干预的食物，有着最好的生长状态，有着生产者满满的心意，因而也让人的身体更为健康。

北京有机农夫市集最开始举办时，手工发酵食物就是市集上的常驻品类。布乐奶酪、米酒先生和米酒姐姐还有各种农友制作的泡菜，都伴随着农夫市集的发展，不断发展并找到自己的忠实拥护者。传统发酵制作食物，在天乐看来有其更深远的意义。它们绝非单单是味道的感知，更是社区分享的活力源泉，有益身体健康的能量食物以及不同地区独特本地文化的载体。如果有一天本地化的传统发酵酿造食物都被工业化食品替代，"我们将不知道我们失去了什么。"

Q&A

Q　自制发酵食物找到自己的受众，顺利卖出去，北京有机农夫市集在其中扮演了很重要的角色，当时是怎么考虑的？

A　我觉得以前的人不用化学添加剂就可以做出加工食品，其实现在应该也可以。而且你可以和这些匠人聊一聊，他们就会告诉你这些手工食品和工业化的食品区别在哪里？最简单的，比如说市集中做米酒的农友，他的产品就是在持续发酵，没有经过灭菌，有益的菌群存活了下来。我们为什么要吃传统的发酵食物？一个是口味好，另外就是对我们的身体是有帮助的。所以我们认为传统饮食是很重要的部分，只要是手工做、无化学添加、符合食品安全生产条件的，我们就欢迎加入。

Q　市集也举办一些相关发酵知识的读书会，帮助感兴趣的爱好者们进行探索。

A　也是在近两年，身边越来越多动手能力强的人开始在家中尝试，也就有了系统性了解的需求。比如有人在做康普茶，有同事在做泡菜。在这个社区的微信群里，经常会有人问"我该怎么做呢？""这一次怎么失败了，为什么呢？"这类实操性的问题越来越多。我觉得这是很有意思的地方，这是个互助的社区，大家在分享自己的知识和信息。其实我最早真正对发酵感兴趣是关于菌种，有种说法，"菌种不是买卖的，是分享的、是交换的。"这就跟种子一样，没人会大规模制种子，都是种植的人自己留种，然后分享和交换，是可持续的发展。这些经验、知识和相关的权利是完全掌握在自己手中的。微生物菌的交换也是这样一个逻辑，养的这个菌是拥有者特别重视的事情，自然让参与的人有很多自豪感。我觉得一件东西用钱买不到，但是又可以通过其他方式得到，这本身就是件很有意思的事情。

Q 没有金钱买卖，在社区里形成很好地分享和流动，这的确十分难得。

A 当然这也是因为不是商业的生意，面对社区的爱好者，大家都不介意分享。我之前去日本的时候，曾跟日本从事农业的朋友一起去《田间面包房的奇迹》的作者渡边格家中，了解他用清酒的米曲做面包的尝试。这也是我第一次看到食物的微生物收集，他拿出好几抽屉的米给我们看，哪些是好的，哪些是不好的，非常热情。当时也有隔壁县的人来拜访他，他非常开放地分享自己是如何用天然酵母做面包的，没有一点儿保密的意思，给我留下很深的印象。

Q 工业化革命下，传统发酵酿造的风俗的确在被逐渐瓦解，该如何去建构正确的认知呢？

A 工业化生产让食物的味道一致，但本地的多样性也同样会缺失了。毕竟微生物的研究和人体健康的关系也是这些年才走进我们普通老百姓的视野中的，但是如果不重视这些传统的菌种、本地的微生物，其实我们不知道自己丢失了什么。微生物一直存在，但过去我们会认为各种菌都是有害的，特别是疫情的影响，更使得我们拼命地消毒。我们对于不能控制的事物，可能过于恐惧和排斥。其实发酵就是会有些不可控，需要你更好地观察与了解，去进行可行的控制，这跟工业化的逻辑是不同的。

Q 认知的确需要时间的积累，也需要不断学习，对于发酵食物的未来发展你怎么看？

A 人会对不了解的东西产生拒绝，比如我们用读书会的形式来跟大家分享传统发酵食物的知识，但到了最后，问题就会汇集到"如何制作康普茶？""如何制作泡菜？"其实重要的就是开始，在不断地实操尝试后，就自然而然会想要去了解背后的原因，以及更深层的文化。发酵食物有益健康，同时又很美味，具有强烈的地域性。如果不去尝试，其实它的好与不好你是很难知道的。反倒是这两年，伴随着微生物的研究和对发酵食物的宣传，大家开始关注发酵食物，也更为理智地看待这个领域，同时有更多人参与制作尝试。

邓永生　　风物先生创始人

保持这传统的技艺

Q　你是如何把酿米酒这件事坚持做了十多年？

A　2009 年我在北京甘家口一个菜市场开了家米酒店，当时一天也卖个几十块钱，虽然如此，但我感觉米酒这个事情还是很有市场的，只是需要让北京这个市场了解到这个南方特色食物。我印象最深刻的是有天一个姓杨的画家买了我店里所有的米酒，差不多一千块钱。这么多年直到今天我都记得这位贵人，他在我自信又很彷徨的时候，给了我精神上的肯定。

Q　想过是什么原因让他买了这么多酒吗？

A　其实就是地道、正宗，当时在这么个菜市场，我的酒又没有精美的包装，完全是味道上的说服力。想要好酒，好曲是第一位，我父母在镇上做了 20 多年的米酒，其实没什么诀窍，就是遵照传统，不要偷工减料。我搜集那些传统的、口口相传的制曲方法，每年在农历七月

十五到八月十五之间制曲，这期间天气适宜，杂菌也比较少，我觉得其实人感觉舒服的时候，也是菌最好的时候。我回乡也有三年时间了，眼看着一些传统的手工制作技艺在今天的乡村几乎绝迹，越来越少人知道了。如果更多的年轻人能回到村里，坚持个三五年，绝对比在大城市里的生活要好。

Q　再回到故乡的生活，会给你的米酒酿造有什么新的灵感吗？

A　再回来真是既熟悉又陌生，我开始关注家乡的方方面面，特别是食材方面，有时间我也经常去附近走走转转，看看有没有什么新的可能性。各地的酒友非常关注我的这些分享，慢慢地我就由之前的米酒先生进化成了现在的风物先生。在酿酒方面不如以前有那么高的创新要求了，不过遇到一些有意思的东西，我还是会放在心里。比如我们县有种"鸡婆酒"，听说方法是把一只老母鸡杀掉，和醪糟在一起发酵。我只喝过一次，印象深刻。凡是手工艺的东西，说一千道一万，没有亲身干过，没用！

Q　在你看来年轻人需要什么样的能力才可以做这件事？

A　基本的动手能力。其实现在不要说城市，就连乡村里的孩子成长轨迹也跟城里的小孩一样了，没有人真的在田里干过农活，以前放假时村里小孩会放牛啊、收稻子啊，现在已经完全没有了。发酵酿造这些传统的技艺都是同样的道理，其实也是挺可悲的。我都会要求孩子从小开始做家务，不能丧失这些动手的能力。

Ian

小圃酿造创始人

Q&A

酿造，
进行边界的探索

Q 你最早是做葡萄酒培训师和侍酒师，怎么想到自己开始酿酒这件事的？

A 我一直做葡萄酒培训，会去各地培训教课。2015 年时我去宁夏教课，认识了一些小酒庄和酿酒师，我觉得其实离自己酿一款酒的距离并不是太远，这应该也是所有侍酒师的梦想。还有一点是我想酿自己喜欢喝的风格酒款。这个风格具体是什么？它不是固定不变的，是我这阶段喝过的酒、有过的经历、遇到的人、对风土的理解等的体现，总之是好玩的酒。

Q 酿造葡萄酒从葡萄的种植开始，种植与土地相关，有着巨大的时间上的投入，注定是件慢的、低效率、不易改变的事情。

A 在决定开始酿酒时，我周围朋友对此的反应可以分为两类，有的人说"太好了，你终于开始做这件事了。"另有人说"你疯了吧？"但随着时间的推移，觉得我疯了的人是越来越少了。2015 年和 2016 年，我都试图开始，但直到 2017 年才真正开始酿第一批的 5000 瓶酒。以前做互联网行业的项目，觉得没有什么事是不能明天完成的，但开始酿葡萄酒，就会对时间有更深刻的感知，明白了耐心和等待。首先，作为一名酿酒师，愿意把自己的手弄脏。然后，遇到问题一件件去找解决方案。

Q 小圃在酿造什么样的酒呢？

A 我们酿造的是受到自然酒的启发，向自然酿造靠近的葡萄酒，葡萄手工采摘、选用自然发酵的方式手工酿造、旧木桶陈年、手工装瓶，想用这样的理念和方法去诠释宁夏的风土。我没有从种植葡萄开始，我更相信让专业的人去做专业的事。回头看，这四年算是"小圃酿造"酿酒的第一阶段。未来我们希望为这个行业带来一些新鲜的东西，比如帮助更多有兴趣的人酿自己的酒，让更多有才华的年轻酿酒师有机会发挥自己，进行公益项目的尝试。

Q 为什么叫作"小圃酿造"？

A 提到葡萄酒，大家总是会有些浪漫的想象，和"酒庄""庄主"等联系起来。我个人觉得"酒庄"二字过高了，也无法涵盖我想做的事，未来我不想局限在葡萄酒这个领域，所以就用了"酿造"二字。"日日深杯酒满，朝朝小圃花开。"这是朱敦儒的一句诗，这个经历世间沧桑后回归质朴生活的心态，令人无比羡慕。另外想到酿酒时的酒庄，有块小菜园，酒厂的叔叔阿姨们种菜自给自足，也呼应了"小圃"。名字这样定下来了，确定的更是背后做事的目标与定位，整体来说我希望有些新的生命力，带来新的东西。

Q 对于小圃酿造，听你提到比较多的词是"好玩儿"，具体是如何定义的？

A 跳出来，在边界内外的探索。

Q 提到自然酒，能讲讲你的理解吗？

A 自然酒的核心是减少对酿酒过程的干预。少干预指的是不对糖分、酸度进行修正，不加入酵母、不在天气潮湿、葡萄酒过于寡淡的年份对葡萄酒进行浓缩。自然葡萄酒应当是想要自然呈现的样子，是一块土地在这一年毫无掩饰的表现。但抛开技术层面，我更愿意说"自然酒运动"，共同的目标是在拥抱、观察自然的同时，培育生物多样性，而不是竭力争取控制权。

Q 开始自己酿酒后，对葡萄酒的理解有什么变化？

A 我以前也做葡萄酒的评委，但酿酒这几年，我的改变是对葡萄酒的评价更包容。以前你不知道葡萄是如何种出来的，酒是如何酿出来的，完全不能忍受一点儿瑕疵。但现在我了解得越多，就思考得越多，懂得用更客观的态度去看待一款酒的生产。

黄禺

糯言米酒创始人

酿造，
重塑了我这个人

　　黄禺，早年一直从事平面设计和空间设计工作。从喝酒之人晋级为酿酒之人，似乎也没什么人生预设。2009 年，因工作机缘接触到酿酒，把二次创业的方向定为米酒。最初跟酿酒师傅的交流，让他深感出身"乡村小作坊"的国产米酒质量参差不齐，无法满足自己对产品的品牌化要求，于是在 2013 年开始尝试在福建自己建酒厂，进行一系列的技术实验。在他看来，唯有技术工艺才是一个酒品类发展的驱动核心，从酿造原材料到酿造环境，从时间到温度控制，从自己驯化菌种到工艺升级……十年时间，他从对酿酒一无所知的人，成长为一名专业酿酒师。而他的目标更高远，希望重新定义中国的米酒，希望能在新的时代，酿出更符合当下人口味的酿造酒，在觥筹交错的餐桌上，这个时代的甘甜将带来全新的愉悦。

Q&A

Q 米酒属于中国传统的发酵酿造酒，糯言成立的这些年，一直在强调中国米酒的全新风格，具体是怎样考虑的呢？

A 我国的米酒酿造在两宋时期就比较成熟，比如官方喝的黄酒就是米酒的一种，但明清时期因为蒸馏白酒的流行，米酒开始没落。一直以来中国人对于米酒的认知是模糊、不清晰的，人们普遍第一反应会是甜的醪糟汁。但这肯定是不准确的，像日本的清酒也属于米酒的一种，但是完全不同的理解。我作为一个从业十年的人，对米酒的理解也是慢慢才变得清晰。过去各地的米酒都非常甜，因为物质的匮乏，可以说它是大家甜味的来源。如今消费的人群不同，面对当下年轻群体，米酒应该有什么样的风味？这是要思考的问题。另外我一直想做的是款有特点、20°以下的中餐佐餐酒。放眼全球，欧美主流佐餐酒是葡萄酒，日本是清酒，它们的共性都是20°以下，我国适应更大范围的佐餐酒其实还没出现。我认为佐餐酒应该具备几个基本要素：低甜度，风味上与食物匹配性高，让人在佐餐时产生愉悦感。重新定义中国米酒，有两个维度，一个是用的材料，一个是工艺，两者与过去相比有哪些提升和改变，最终这些变化都将决定新的风味。

糯言大气泡 △

Q 支持这些改变无疑要依靠技术，是如何确立这种技术为本的品牌核心的？

A 我从2010年开始了解米酒，最开始也是找别人做，但到了2012年、2013年的时候，发现问题比较大，民间的酿酒师傅固有的模式比较重，当我把一些书上的信息分享交流时，发现完全无法沟通。中国米酒想要有大的迭代和升级，一定是从技术上去发展，这是内核的部分，不能只是从情怀和文化的方面去包装。当下的消费者都喝过好的葡萄酒、清酒这些低度发酵酒，在现在的口味上就不能还停留在过去，要去进行新的革新。我做事的逻辑是要找到背后真正的驱动力，就先开始自己在北京做了个小工作室，研究发酵这件事，后来慢慢发现还是需要个酒厂，就做了个小酒厂，其实类似一个大的实验室。回头去看这十年，我觉得非常值得。

Q 糯言的酿造是从糯米品种的选择和加工开始，为什么这么做？

A 这就要从原料上来说。中国米酒跟清酒不同的是用糯米，这是非常特别的。目前市面上主要用于酿造的白糯米里，支链淀粉含量过高，发酵时就会带来一些风险，难度就大，酿造时对曲菌、酵母菌发酵能力要求极高，而且不容易充分转化。所以我就想从源头开始，进行一些创新，尝试去培育一款酿造米，可以保持更好的风味。糯言有款酒选择紫糯米作为酿造原材，紫糯米表皮含有丰富的花青素，通过酿造能转化出非常独特的风味。清亮的紫红色酒体丰富饱满，糖度降下来，独特的紫米香和果香交叠呈现。这款米酒非常适合做生酒，如果进行固有模式化的杀菌，它的特点就失去了。

酒厂夜色 △

Q 有种说法"发酵是控制的艺术"，该如何理解这种控制？

A 过去中国的传统酿造还是基本靠天，比如传统的"冬酿"，因为气温低，可以防止杂菌的干扰。但这是古代的做法，现在我们来做这个事情，要求更低的气温，所以就希望借助科技的力量进行改变。先是驯化出可以低温发酵的酵母，然后进行控温，这样更好地发酵使原料产生酯类的香气，这也正是风味的来源。糯言已有两款独立酵母，分别能发酵出苹果、梨和蜜瓜的香气，具备超低温（8～12℃）持续发酵的能力，特别是在后端发酵时一定要在10℃以下，才有可能转化出异戊酸乙酯、己酸乙酯等不同的酸酯，香气才会特别细腻。单就温度的控制，我做了太多尝试，差不多有五年的时间。因为酵母的驯化和工艺上的控制，我们的酒能将糖度降到 2.5%，这与顶级日本清酒的残糖率基本一致，让中国米酒由甜口改为甘口。技术不断更新，可以让人和食物产生更美好的可能性。

糯言木桶米酒△

Q 是什么激发着你米酒研发的灵感？

A 我认为真正优秀的低度发酵酒，应当向全球最具代表的两大主流酒——葡萄酒和日本清酒看齐，拥有独立的酿造体系，有中国特色的酿造酒米，有能发酵出优秀香型和口感的酵母菌，而源远流长的中国米酒，在这两部分，在十年前基本是空白。我做糯言十年，过去的九年基本都是在研发。我做过很多类，起泡是一个大类。借鉴了西方的起泡工艺，我思考的主要是给米酒赋予新的风味，这种气泡给人带来的愉悦感，这是共通的，大家就不会去分辨是西方的还是东方的。我应该是第一个尝试把它标准化的人，与一些投机的打气法不同，经过不断的技术尝试，我们确定下来两个技术工艺，一个是采用香槟法，在瓶中进行二次发酵，瓶子都进行了特别定制；另一个是直接罐中发酵，后期再进行分装。最后还会选择特别有东方感的檀木做储酒桶，经长时间熟成，让中国米酒达到前所未有的高度。我认为中国米酒的新的可能性，肯定是得有更多像我这样的人，系统地思考，真正在技术上革新，符合当下的口味需求。

Q 做了十年的糯言，发酵酿造让你有了什么新的理解？

A 酿造重塑了我。原来我做广告公司，其实还是跟着项目来，总是会去适应变化，怎么说呢，觉得投机性比较强。但是现在十年就做一件事，就是不断地深入，像是在挖井，经过长时间不断地深挖，终于挖出了水的感觉。我从一个喝酒人变成了一个专业的酿酒师，生活方式也在变化，对味觉和嗅觉越来越敏感，很多习惯改变了，比如抽烟，现在的我甚至都会厌恶五年前的自己。总之，就是变成了另外一个人。

姚 粟

中国食品发酵工业研究院发酵工程研发部主任
中国工业微生物菌种保藏管理中心常务副主任
兼任中国微生物学会微生物资源专业委员会委员
中国微生物学会工业微生物专业委员会委员
国际乳品联合会(IDF)乳品微生物分析方法委员会(SCAMDM)主席
国际乳品联合会(IDF)微生物风险评估委员会（SCMH）委员

发酵是个丰富的世界

Q&A

Q 从事微生物发酵工作多年，你所理解的发酵是什么？

A 发酵，是个很丰富的领域，它包括传统发酵食物、现代发酵技术、工业化发酵等。与我们日常生活息息相关的传统发酵食物，是传承我国悠久历史，体现中华饮食文化的重要载体。我们谈它，先要明确针对传统发酵食物的定义与分类。发酵的定义首先是一种微生物的代谢活动或生化反应，包括了它自身的增殖过程，本身有菌株生长；另外就是从我们传统意义上说的发酵功能，比如产酸、凝乳……有着各种各样的风味特点。那么，这就包括了两个过程，所有微生物利用一定原料等条件，产生活动获得代谢的产物，达到我们的目的。

Q 发酵食物的特点是什么？

A 我们院现在也在参加一些欧盟的项目叫"食品用菌种名单"，还有类似的生物保护。最早我们是有了食物就吃了，后来是因为要储存它，就采用发酵这种手段。其实发酵食物的特点就是更营养、更美味、更健康、更安全。这四点是不同的维度，来形象概括发酵食物的特点。微生物通过代谢可以把大分子物质代谢成小分子物质，更利于营养吸收。另外通过微生物的发酵，会产生独特的风味物质，比如说奶酪和酒，这些独特的风味就是本地的一种文化，通过几代人的传承形成本地的历史。以前新鲜的食物放不了太久，而发酵食物更安全，这个过程可以产生有益的微生物，也能抑制有害的微生物，现在通过科学的研究都可以证明这些。

Q 有说法是"发酵是控制的艺术"，该如何理解这种控制？

A 传统发酵食物的优点很多，当然做好了就都是优点，但腐败的话就反之。全国各地都在制作发酵食物，但操作不当，在过程中没有控制好，就会有安全隐患。那我们到底要控制什么？发酵是微生物活动，是有生物活性的过程，就是说没有合适的条件，它就不会生长，不会发酵，所以说想要它朝着我们希望的目标发展，那就要为它创造条件。一是营养需求，最主要的就是碳氮源成分和各种比例；二是要有适宜的温度，比如细菌在 37℃的范围、酵母菌在28℃、真菌在 25℃等，这是通常的情况，还有些嗜热菌、嗜冷菌，会在高温或低温的条件下生长，如果没有合适的温度，它们就不会生长，不会生长就不会代谢，就无法得到我们想要的产物，所以要创造适当的生长条件；另外就是pH，你要了解它是嗜酸的、嗜碱的还是中性的；最后就是需氧情况，有好氧、厌氧、兼氧的不同。所以说，控制就是要了解它，为它创造最适宜生长和利用的条件。

Q 现在越来越多的发酵爱好者在家中从事发酵食物的制作，作为专业人士会给什么样的建议？

A 传统发酵食物是一代代人延续下来的，以前大家更多的是经验，知道一些具体的操作步骤，背后的原因并不知道，但这毕竟是生物发酵的操作，还是建议可以适当了解专业的微生物知识，会帮助大家更好、更安全地进行发酵食物制作。

Q 在当下的社会背景下，如何看待发酵酿造的深远意义？

A 现在我们也在做我国传统食品发酵名单，也在参与国际的研究。2018 年，首次把我国的八种传统发酵食物纳入 IDF 传统发酵食品用菌种名单（第三版），包括醋、茶、酱油、腐乳等，把越来越多的中国传统发酵食物介绍到欧洲。发酵食物有它更安全、更健康的特点，在当下大家都在寻找更为安全的食物，所以非常有时代的意义，给它新的科技赋能，可做的事情有很多。

图片提供 高明阳 △

141

旅行故事集 酿造风物

Chapter

05

村上春树在《如果我们的语言是威士忌》中说道，"酒这东西，无论什么酒，还是在产地喝最够味儿，距产地越近越好……大概运输和气候的变化会使味道有所改变。"

发酵酿造，本地化赋予它无法替代的特性，不同的地区，因地理条件、特产风物、历史文化不同，也造就着人们对发酵这古老技艺的传承呈现出奇妙的差异。大航海时代，探索未知的土地，让人与种子开始旅行，也造就不同物种的交流与适应，形成文化的流动。主题性的酿造旅行，让人既想看到美好的风景，也更加想要了解这片土地酿造风物背后的故事，以及生活在此处人们的选择。这些感知，是即使当时察觉不到，事后也会领悟的东西，总会留在心里。

在日本，
探寻极具地域特色的精酿啤酒

"酒，是日本社会的润滑剂"，清酒是日本的象征，然而在日本人的日常生活中最受欢迎的酒则是啤酒。这一点我们从番剧和动画片中不难看出来，各主人公在痛饮一番啤酒后，发出一声酣畅淋漓的赞叹。热门日剧《无法成为野兽的我们》中，当红女星新垣结衣饰演的女主角下了班就与朋友聚在精酿酒吧喝酒谈心，释放一天的情绪；《和歌子酒》的女主人公嗜酒如命，晚饭不管吃什么，一口啤酒下肚，整个心情都好了；看高木直子的漫画《一个人》系列，她最爱的就是啤酒，觉得这是世上最美的食物。

啤酒在日本的接受度如此之高是有其背后的历史原因的，啤酒传入日本的时间比中国要早很多，距今已有 400 年的历史了。据说在 17 世纪的江户时期，赴日英国船上的货物清单中就出现了啤酒，这是日本最早的关于啤酒的记录。而到了 19 世纪后期，日本的啤酒酿造也开始逐渐走向正轨。

日本历史上最早酿造啤酒的地方在横滨，明治维新之后，日本出现了大大小小共100 余家啤酒厂。日本公认的第一家酒厂，是美国人威廉·柯普兰在 1870 年创立于横滨市山手 46 番的春谷啤酒厂，是现在麒麟啤酒厂的前身。

精酿啤酒，作为啤酒世界中的新概念，由美国的酿酒协会定义并形成文化：小规模制造、独立生产、传统酿造方式，只有满足这三个条件才能被称为精酿啤酒。在日本，因为国情不同内容稍稍有点区别。最先介入啤酒生意的是各个地方的旅游协会、农业协会、酒店度假村公司以及本地清酒厂，所以会发现日本的精酿啤酒有非常强的地域性，常常只是在一个地区活跃，哪怕是到了东京，很多本地的精酿啤酒品牌也很难喝到。

1994 年 7 月 24 日，日本精酿啤酒协会正式成立。1995 年 3 月，位于北海道北见市的鄂霍次克啤酒厂（Okhotsk）成为日本第一家拿到营业执照的精酿酒厂。这里采用北海道当地的麦芽，酿造厂和餐厅至今仍在营业。虽然鄂霍次克啤酒厂是第一家拿到营业执照的，但第一个开业的啤酒厂却在新潟。1995 年 2 月，位于新潟的越后啤酒厂（Echigo Beer）正式出酒。该公司网站现在的宣传依然是"全日本第一个精酿啤酒厂"。2017 年 3 月我们去越后妻有参加大地艺术节的"雪火花"，在松代"农舞台"的咖啡厅里碰到有越后啤酒厂的皮尔森（pilsner）售卖，立刻买来尝鲜，味道很不错，这款酒清爽干净，给人留下深刻的印象。

据统计，1995 年日本只有 17 家精酿酒厂，经过一段疯狂增长的阶段，到了 1999 年和 2000 年，营业中的精酿酒厂最高达到近 300 家。蓬勃发展之后便迎来了大洗牌，随着相关法律的不断完善，以及进入 21 世纪日本经济开始持续衰退，低麦芽、低价格的啤酒替代品"发泡酒"进一步刺激着啤酒消费者。种种因素使得一些品质不好、经营不善的小酒厂纷纷倒闭，如今日本精酿啤酒市场最终稳定在 200 家酒厂上下的局面。

像所有的国际大都市一样，东京集中了最丰富的资源，能找到任何你想要的。在东京日日暴走，午餐总是很简单，一碗面、一个定食，配上一杯啤酒。工业大厂的啤酒不是不好喝，其实惠比寿、一番榨味道都不错，只是相对于小规模的精酿啤酒品牌来说，个性不足。工业大厂的啤酒非常适合配餐，比如在东京街头的各式烧鸟店里，清爽型的啤酒搭配起来很是畅快。晚餐过后，夜色降临，就是找寻精酿酒吧的时间了。在风格各异的小酒吧里品鉴好酒，东京的夜色则变得更加美好。

乘坐电车开启常陆野的探访之旅 △

探索东京精酿小酒馆

Mikkeller 东京

● 地址：东京都涩谷区 37-10 Udagawacho,150-0042

Mikkeller 是我们非常喜欢的精酿品牌，这个来自
丹麦的小众品牌有着天马行空的创意，美学设计
上有趣又时髦，跨界营销也很有一套。Mikkeller
曼谷店是亚洲第一家店，一度被评为亚洲十大酒
吧之一。随后 Mikkeller 又开了台北、新加坡、
首尔店。这间东京店是新店，虽然开在繁华的涩
谷，却是在各种爱情酒店七拐八拐的隐蔽巷子深
处。店面不大，装潢也十分简单，感觉没有曼谷
店那么用心。清水泥工业风，一楼座位少，基本"立
吞"（站着喝酒），或者可以坐在宽大的窗台上，
那感觉还挺好的，喝着酒，不时看有人从窗间跳
进跳出，或者看着窗外周末来爱情酒店的饮食男
女。店内设有 20 个酒头，既有自己的酒，也有
精选的其他品牌的酒。重点当然是好酒本身，试
了三款 Mikkeller 自己出的酒，大杯大多在 1000
日元出头，小的六七百，价格很合适。

△ 东京 Mikkeller 空间延续品牌简洁的设计风格

BrewDog Roppongi

● 地址：东京都港区 5-3-2Roppongi1F Saito Bldg. 106-0032

鼎鼎大名的苏格兰独立手工精酿啤酒厂，"酿酒狗（ Brewdog ）"
在 2014 年把店开在了东京。店址选在夜生活热闹非凡的六
本木，一幢双层砖木结构的建筑，进入店内，空间还算宽
敞，装修风格比较粗犷。酒单在电视屏幕上展示，酒头有
20 款啤酒，其中一半均为自酿（包括六本木店专供品类，
如咖啡巧克力风味的 Cocoa Psycho、苏格兰爱尔啤酒 Baby
Dogma 和 Tokyo 橡木桶陈酿烈性啤酒），另外 10 种精选自
品质出众的啤酒厂，包括挪威的 Nøgne 和加利福尼亚州的
Heretic。 这里聚集了很多西方年轻客人，所以氛围自然热
烈非凡，不要妄图安静地聊天，喝就对了，尽情融入这火热
的气氛中。

在店里可以喝到限量版 "东京" 酒款、在当地喝感受绝对不同 △

Popeye

● 地址：东京都墨田区两国 2-18-7

"Popeye"多年来一直被啤酒迷评选为"东京必拜访酒吧"。据说酒吧老板青木辰男被称为"东京精酿啤酒界教父"，同时也是东京真爱尔节的创办人。这家酒吧不在主流的商业街区，而是隐藏在两国地区的一片居民区里，外面看起来挺安静的，一度以为自己走错了。直到看到黄色的大灯箱时，才算放心。

△ 穿过安静的小巷，看到它就对了

推门进去，没有西式酒吧那种扑面而来的喧嚣，让人觉得很舒服。1994 年就开业的 Popeye，最早只有七种生啤，如今已经增加到七十几种。Popeye 酒吧的官网地址是 70beersontap.com，言简意赅地说明了店里酒头的数量。店里提供的啤酒以日本本土精酿为主，别的地方很难喝到，因此想试的有很多，好在店内准备了一次能选喝 12 种的试喝盘，依顺序由浅摆到重口味，十分适合第一次来的酒客。这家店能品尝到日本不同地区的小众品牌，非常值得到访。

东京作为亚洲精酿啤酒的重镇，还有很多不错的精酿小酒馆，每个人可根据自己的喜好尽情漫游探索。

吧台位置可以更好地感受这家老店的风格 △

探索日本精酿酒厂

日本精酿代表
常陆野额田酿酒所：茨城

Hitachino 的中文译名叫作常陆野，其标志为一只猫头鹰，熟悉精酿啤酒的朋友一定非常熟悉。常陆野品牌如今是日本精酿啤酒界当之无愧的第一把交椅，旗下的几款主打产品咖啡世涛（Espresso Stout）、白色艾尔（White Ale）在世界范围内获奖无数，为日本精酿啤酒行业打开了通往世界啤酒市场的大门。

常陆野的酿造酒厂在离东京不远的茨城，虽然距离六七十公里，但因为在日本无法自驾，轨道交通换乘略显波折。我们这次的路线为 JR 上野站到水户站，在水户站换乘水郡线到常陆鸿巢站，这个水郡线还是那种日本乡村里的单人操作电车，真的感受到日本电影里与学生们一起上学坐电车的画面。

我们从车站出发，步行 10 分钟到达常陆野的酿造厂木内酒造，这里的酿酒历史可以追溯到江户时代。1823 年，那珂郡鸿巢村的村长木内仪兵卫开始经营木内酒造，酿造日本酒。 木内家族酿造以品质著称的好酒已长达 190 多年的时间。保留日本酿酒传统和技术的同时，适逢 1994 年相关法律松绑，较小型的酿酒厂也可以酿造啤酒，木内酒造便决定成立一个小型的啤酒酿造厂。初期对啤酒一无所知，直到 1996 年第一款猫头鹰啤酒诞生。至今猫头鹰啤酒在国际大赛上获奖无数，常陆野猫头鹰啤酒也从只酿造三种啤酒，到现在持续每年都会增加创新啤酒的口味。20 多年的精益求精和深耕细作，常陆野猫头鹰啤酒成为日本精酿啤酒的代表。

如今开放的木内酒造中有一间传统的荞麦面餐厅，我们正好中午到达，有机会品尝了美味的荞麦面。这边可以说是一个品牌展示的窗口，除了餐厅之外还有品酒室、酒吧和衍生品商店，可以买到不少有意思的小物件。我们选了几款经典酒，配上传统的日式小园林景观，十分惬意。

与店内的工作人员沟通，才知道参观的酒厂还有 15 分钟左右车程，请她帮我们叫了辆出租车，揣着仅有的一些日元现金，我们上路了。生怕车费不够，一路胆战心惊，当时真的非常怀念国内的微信支付。在日本的乡村旅行真的是不太方便。好在下车后车费刚够，松了一口气。艰苦跋涉后终于看到了猫头鹰本尊，此刻心情无比激动！看资料说，1996 年 8 月，酿酒的机械设备从加拿大运抵日本，这些酿造设备被安装在前身为日本酒酿造所的新啤酒酿造厂。2008 年，木内酿酒厂决定扩大规模，开始经营全新的啤酒酿造厂——额田酿造所。我们对这个工厂最大的感受就是干净整洁，一派井然有序的生产画面。

运气非常好的是我们碰到一位在这里工作的中国籍工作人员赫先生，可以更好地沟通，了解了常陆野酒厂非常有原则的酿酒文化以及对于精酿市场的判断。他们其实是敏感地认知到走出日本市场的重要性，很早就开始布局海外市场，而且近年来也开始涉及威士忌酿酒，在研发酿造自己的威士忌酒款。

参观结束，因为没有日元现金，赫桑还开车把我们送到车站，令我们十分感动。在路上看到傍晚的夕阳，想想这一天的感受，虽然从东京过来十分波折，但很值得，遇到的所有常陆野的工作人员都很热情友爱。都说细节决定成败，没来之前只知道常陆野的酒品质好，获奖无数，近距离接触时，又感受到它深厚的品牌文化。就如他们信奉的啤酒酿造哲学"我们以代代传承的酿造资产、热情和直觉力为根基，酿造原麦的日本啤酒。我们总是扪心自问，这款啤酒如何丰富人们的生活？"

三角形的避世空间
猿仓山啤酒酿造所：新潟

继常陆野之后，我们在 2018 年越后妻有大地艺术节期间拜访了新潟名酒八海山酒造。新潟拥有适合酿造（清酒、啤酒）的风土，地处日本的豪雪地带，每到春天山上积雪融化后的清澈甘洌的山泉水、有山有水的丘陵地形种植收割的粮食，加上工于钻研的职人精神，都是新潟县盛产手工啤酒的保障。这家 1922 年成立的酒造，历史虽不是日本最悠久的，但胜在风格与特色。

酒造环境优美，依山而建，穿过林间小道，最特别的是八海山雪室，运用传统低温冷藏技术，将冬季鱼沼地区的豪雪收集起来，近1000吨的雪可以将冰室维持在5℃左右，储藏酒品既恢复了传统模式又节能环保。另外酒造内的建筑与环境融合巧妙，设计也令人惊艳。八海山酿造的精酿啤酒品牌猿仓山啤酒酿造所，是位于山坡上的三角结构空间，房屋曾获得2019年度日本空间设计奖。以原木色外墙与白色屋顶搭配，矗立于绿色的小山坡。屋顶线条与山坡的弧度形成呼应，是那种都市之外的美好避世空间。啤酒酿造所一旦到了冬季，白色屋顶与后方积雪的山坡便相互映衬。内设啤酒吧、面包店和回收店3个空间。还能看到老板个人私藏的好酒，放松心情。吃一餐美味，喝一杯好酒，看天色美景，十分美妙。

日本地域特色酿造酒厂推荐

小江户酿酒厂
COEDO BREWERY

川越一带被入间川围绕着，有说法是因为"不越过河川就到不了的地方"而称为"川越"。由于没有受到地震灾害的损坏，川越仍保留着古色古香的建筑，也被称为"小江户"。COEDO BREWERY 建在满是江户时代老建筑的埼玉县川越市，在 1996 年开启啤酒事业。酒厂坐落在森林的山丘之上，绿树成荫，溪水潺潺，追求与自然平衡的可持续酿酒理念。由于早年品牌成立时的有机农业基因，酒厂积极利用当地的农产品做原料酿造啤酒，成功开发了世界上第一个使用当地特产红薯发酵酿造啤酒的配方。这款 COEDO 啤酒厂的第一款啤酒，也是现在的经典酒款"小江户红赤 Beniaka"的原型，2009 年起在欧洲第二大食品品鉴会"iTQi"上连续 3 年获得最高奖三颗星。为了在酿造技术上不断完善，COEDO 的酿酒师向德国酿酒大师 Christian Mitterbauer IV 求学整整五年。2006 年，COEDO 决定放弃通常在日本与纪念品产品相关的称谓——"本地啤酒"，而改用"精酿啤酒"。他们将小批量手工艺与德国酿酒大师的纯正技艺相结合，希望用"美丽啤酒"的口号，传达啤酒的奇妙和喜悦。COEDO BREWERY 在埼玉县川口市开设了一处酿酒实验室，向大众公开展示在 1000L 容量的小型酒罐中尝试制作 1000 种啤酒。在 2020 年 7 月开业的小江户酿酒餐厅（COEDO BREWERY THE RESTAURANT），提供新鲜生啤以及季节限定酒款，菜单融合了迷人的当地食材和有机蔬菜，客人可以在美食美酒之间感受川越市的地域魅力。

南信州啤酒

诞生于 1996 年的南信州啤酒驹岳酿酒厂，是长野县的第一家精酿啤酒厂。它地处日本的中央阿尔卑斯山脉之间，环境优美，水源纯净。主打产品金色艾尔、琥珀艾尔，都是从地下 120 米处抽取的雪山融水酿造的。季节限定也是南信州啤酒的常规玩法，标志性的"苹果啤酒花啤酒"，使用信州产的苹果，不同批次的苹果造就口味上的细微差别。在酒厂直营的餐厅味道工坊，可以一边欣赏中央阿尔卑斯山脉的壮丽景色，一边品尝美酒。驹岳酿酒厂同时提供参观见学行程。

箕面啤酒

箕面市以瀑布、红叶和野生猴子闻名，位于大阪北部。这家创立于 1996 年的箕面啤酒厂，酒标和瓶盖上都会印有很可爱的猴子，画风非常日式。酒厂创始人大下正司是日本啤酒政策松动后开启精酿啤酒事业的首批酿酒人，早期克服很多困难，一路坚持下来，并取得不错的成绩。2012 年，箕面啤酒拿到了啤酒世界杯 WBC 的金牌，使得品牌名声大噪。在父亲去世后，大女儿大下香绪里接下酒厂并担任酿酒师，带着两个妹妹继续父亲的精酿事业，专注酿造着代表日本的精酿啤酒。酒厂生产的世涛啤酒两次在世界大赛获得大奖，是日本最值得骄傲的世涛啤酒。箕面啤酒的季节限定啤酒非常有名，夏季收获桃子酿造桃子啤酒、冬季使用柚子酿造啤酒，围绕本土四季的酿造使得它们成为大阪的标志之一，到本地旅行一定不要错过。

银河高原精酿啤酒

银河高原啤酒来自岩手县，酒厂创立于 1996 年，诞生地的气候类似于德国的巴伐利亚地区，还拥有优质水源，非常适合啤酒酿造。由于 1996 年正值童话作家宫泽贤治诞辰 100 周年，所以取名为"银河高原啤酒"，银河表示"梦想和浪漫"，高原表示"天然的名水"。银河高原算是日本东北地区最有名的精酿啤酒，与其他小众精酿品牌离开本地就很难买到的情况不同，银河高原在全日本的大超市都可以买到，经典的小麦啤酒味道非常不错。此外也会不定期推出季节限定款，都是精酿啤酒爱好者抢购的热门产品。

其实日本还有些品质不错的精酿啤酒，比如北海道就有网走啤酒、小樽啤酒、函馆啤酒，山梨县的富士樱高原啤酒、静冈县的北德啤酒等。再配合上各地丰富的旅游资源，可以让饮酒旅行者感受双重的乐趣。

在阿德莱德，
探寻南澳的阳光葡萄酒

阿德莱德是澳大利亚第五大城市，位于 Mount Lofty Ranges 山区与 Gulf St.Vincent 海湾之间，群山环抱，丛林青葱，有公园城市之称。200 年前的首任总督威廉·莱特上校精心规划了阿德莱德的蓝图，使城市建设得既美丽又具商业功能，还有利于环境保护。从墨尔本驱车经大洋路到阿德莱德，一路沿海风景美不胜收，在翻过阿德莱德山进入市区后，城市里许多保存完好的百年古建与现代建筑物融合在一起，与路上开阔的风景截然不同，是那种整洁舒适的小城市，湿润的和风让人一下子从风尘仆仆中放松下来。

1788 年，第一批欧洲移民乘船来到澳大利亚的时候，第一批葡萄树也同时随他们漂洋过海而来，200 多年来，葡萄树在这块土地上扎下了根。今日澳大利亚每年可生产超过 80 万吨的葡萄并酿制出 5 亿升的葡萄酒，当之无愧地成为全球第五大葡萄酒产地。这里适宜的气候类型和土壤、稳定的水资源以及最低限度化学物质的使用，造就了澳大利亚酒独特、浓郁的果香、花香以及橡木芬芳。这里人常说，在一瓶葡萄酒里面装满的其实是一瓶子阳光。但是葡萄酒的生命何止是来自阳光、土壤和葡萄的精华，它更来自悠久的品酒历史和精湛的酿酒技术。

作为澳大利亚美酒的象征，芭萝莎（barossa）是南澳大利亚州最著名的葡萄栽培地与酿酒区之一，其酿酒产量占全澳大利亚出口总量的 65% 左右，葡萄酒品质和产量均属澳大利亚之冠。它由古老的芭萝莎谷和伊甸谷所组成，其历史可追溯到 19 世纪初期来自德国的第一批殖民者。当时，威廉·莱特上校为这个美丽的山谷起了"芭萝莎"这个名字，西班牙语意为"玫瑰之丘"。从那时候起，芭萝莎便逐渐发展成一个集建筑、美术、美酒佳肴与音乐为一体的丰盛而充满活力的区域。从城区开往芭萝莎谷的路上，绵延无际的葡萄田纵横四野，爱酒之人的心情会无比雀跃，看过电影《杯酒人生》的朋友应该能想象这幅画面，一条蜿蜒的山间公路，车窗外快速掠过的葡萄园似乎永无止境，就如快乐的心情一直延续。

奔富酒庄
Penfolds Winery

奔富酒庄是此行必去的目的地，它是澳大利亚著名的葡萄酒庄，被人们看作是澳大利亚红酒的象征。酒庄之旅最棒的一点是身临其境，与零售店、酒吧的场景不同，你会自然而然地关注酒庄的发展历史。奔富酒庄的传奇发展史，其实也是欧洲殖民者在澳大利亚开拓、发展、定居、繁衍史的一个缩影。

奔富酒庄的创办者克里斯·若桑·奔富（Christopher Rawson Penfolds）是一位年轻的英国医生，早年求学于伦敦著名的圣·巴塞洛缪医院。1844 年，他从英国移民到澳大利亚这块新大陆。在当时的环境下，他跟其他的医生一样，有着一个坚定的信念：研究葡萄酒的药用价值。因此，他在前往新大陆开始冒险的同时，还将法国南部的葡萄树藤带到了阿德莱德。1845 年，他和妻子玛丽在市郊的玛吉尔种下了这些葡萄树苗，为了延续法国南部的葡萄种植传统，他们在葡萄树的中心地带建造了小石屋 Grange，中文的意思为农庄。这也是日后奔富酒庄最负盛名的葡萄酒 Grange 系列的由来，这个系列的葡萄酒有澳大利亚"酒王"之称。

1880 年，奔富不幸去世，妻子接管了酒庄。为了延续丈夫的理想，玛丽细心经营酒庄，奔富酒庄的规模越来越大，酒园建立后的 35 年内，存贮了近 50 万升葡萄酒，同时，奔富酒庄原有的葡萄种植面积也达到了 48 万平方米，成为南澳大利亚第一大庄园。出色的品质、精心的运营，更重要的是对葡萄酒事业的热爱，奔富酒庄最终成为澳大利亚家喻户晓的名字。今天，奔富酒庄依然保留着其始终如一的优良品质和酿酒哲学。

位于芭萝莎的奔富酒庄干净整洁，逛起来完全不吃力。了解完酒庄历史，推荐你把时光消磨在品酒室，品酒套餐可以细细品尝 6 款奔富葡萄酒，与工作人员聊一聊品酒的感受，挑选几只心头所爱，是标准的动作。除了品酒之外，有兴趣还可以参加"亲调葡萄酒之旅"，跟随奔富酒庄的专业酿酒师一起调制属于自己的专属红酒，穿上"白大褂"，手持试管和量杯、漏斗，在一天的时间内体验酿酒的乐趣。

> "奔富极致体验"的时间是每天上午 10:00 与下午 3:00（时长约 1 小时），旅行者可以在酒庄展开私人探索之旅，了解奔富精湛的酿酒工艺和酿酒理念，通过奔富原始酿酒厂的核心之地了解地下酒窖。
> 奔富的私人品鉴体验时间为上午 11:00（时长约 2 小时，两人或两人以上团队需要预约）。

杰卡斯访客中心
Jacob's Creek Visitor Centre

建在杰卡斯溪畔并因此得名的杰卡斯，也是澳大利亚的三大红酒品牌之一。由于保乐力加集团的早期市场推广，它在国内大众葡萄酒消费市场知名度很高。

杰卡斯实际上是澳大利亚著名酒商——奥兰多酒业的葡萄酒品牌之一。1847 年，德国移民约翰·格兰姆在芭萝莎山谷中的杰卡斯溪边开辟了第一个商业葡萄园；1973 年，杰卡斯酿造出第一批红葡萄酒；1976 年杰卡斯作为品牌首次推出，凭借极高的性价比，仅用一年时间就成为全澳最受欢迎的品牌之一；1984 年，杰卡斯首次出口到英国，推出杰卡斯雷司令并迅速流行开来；1990 年，杰卡斯出口到 20 多个国家，性价比高的品牌特点让它风靡更多市场。

在芭萝莎山谷，杰卡斯拥有规模超大的葡萄园，杰卡斯访客中心风景优美，访客络绎不绝。该中心由品酒室、酒窖、历史博物馆、陈列酒庄以及著名的杰卡斯酒庄组成。在这里，游客不仅可以欣赏到雄伟的葡萄酒厂，还可以在餐厅里享受美味的午餐和上等葡萄酒，也可以到葡萄园酒窖了解当地的历史和文化，其中葡萄园就有 14 个不同的种类。多种多样的葡萄酒针对不同的人群，午餐、晚餐都按照季节而变化。

在游玩芭萝莎山谷的过程中，游客会了解到正是芭萝莎 50 多个酒庄和许多的酒窖使

这里成为澳大利亚最大的酿酒地区。酿酒商非常欢迎游客参观他们的种植园，了解他们的酿酒设备、葡萄园、当然还有品尝他们的葡萄酒并找到自己钟爱的那款酒。

这里的葡萄酒不仅性价比非常突出，而且论风格和产区多样性，在葡萄酒版图上，恐怕很少有哪个国家可以与澳大利亚相比。更令葡萄酒爱好者们充满期待和惊喜的是，澳大利亚的酿酒师充满了创新精神，他们不仅是酿酒师，而且更像艺术家、画家和音乐家，不断为葡萄酒赋予更多的精神和内涵。一段葡萄酒的主题行程，最好的方法是租一辆车，飞驰在葡萄园间的小路上，走走停停，在这些特色小酒庄与酿酒师交流，缓慢、悠闲地与美酒相伴。

> 除品酒之外，游客还能拥有一些特殊体验，比如旅行者可以自己采摘新鲜食材，在游客中心行政主厨的带领下进行烹饪，学习原汁原味的美食烹饪手法，惊艳自己的味蕾。

沙普酒庄　Seppeltsfield

始于1851的沙普酒庄以其世纪收藏闻名，这里窖藏的最老的波特酒有着百年历史。自1878年开始，酒庄每年会推出波特酒"Paramount Collection"系列。沙普酒庄是获得澳大利亚最具权威的酒评家詹姆斯·哈利迪（James Halliday）满分评分殊荣的酒庄。在此游客可以喝到自己生日那一年的酒，以及参观JamFactory艺术工作室，感受岁月沉淀下来的品质，碰撞艺术的无尽魅力。

兰恩葡萄园酒庄　Lane

追求浪漫的旅行者不妨前往兰恩葡萄园酒庄。这家酒庄位于一座山丘的山顶，可以360°欣赏周边阿德莱德群山的美景。而且兰恩葡萄园酒庄是阿德莱德山汉多夫地区允许直升机降落的酒庄，搭乘直升机来品酒，在制高处端起酒杯，与喜欢的人共同享受"一览众山小"的广阔视野，一定会成为心中难以磨灭的美好画面。

黛伦堡酒庄
d'Avenberg Cube

喜欢当代艺术的朋友们可以前往黛伦堡酒庄。这座酒庄建造于 1912 年，至今仍沿用家族酿酒的百年传统技艺，由 25 种葡萄酿成多达 35 种葡萄酒，会带来穿越时间的味觉感受。新建成的黛伦堡魔方非常具有艺术感，像是一座水晶魔方漂浮在葡萄园之上。在魔方的阳台上可以欣赏到山丘景观，景色美轮美奂。在家族第四代传人的打理下，黛伦堡酒庄不仅可以品尝美酒，还有多功能厅、艺术品、酒窖等设施，为旅行者提供全方位的贴心服务。旗下的美味餐厅 D'Arry's Verandah ，曾多次获得最佳餐厅称号，在此将获得精神和味蕾的双重满足。

亨特利酒庄 Hentleyfarm

亨特利酒庄是一座位于芭萝莎地区的独立精品酒庄，成立于 20 世纪 90 年代，虽然历史并不悠久，但优质的葡萄酒出品让其异军突起，备受资深葡萄酒爱好者的追捧。亨特利酒庄于 1997 年由凯斯·亨奇克（Keith Hentschke）和艾莉森·亨奇克（Alison Hentschke）共同创立。凯斯毕业于阿德莱德大学罗斯沃斯校区，该校区是国际著名的旱地农业和动物生产中心。凯斯对农业科学有着浓厚的兴趣，对土壤和葡萄生长也有着深入的研究和了解，这样的背景和经历也为他酿出优质葡萄酒提供了坚实的基础。1992 年，凯斯在澳大利亚最大的葡萄酒集团——奥兰多·云咸（Orlando Wyndham）葡萄酒集团担任 CEO，负责集团的管理及运营。后来，凯斯与妻子成立了亨特利酒庄。酒庄从 2002 年发布第一款葡萄酒开始就获得巨大成功。2015 年，亨特利酒庄赢得了澳大利亚知名酒评家詹姆士·韩礼德评出的"年度最佳酒庄"的荣誉。亨特利酒庄的餐厅目前是澳大利亚最受欢迎的餐厅，在很多餐厅排行榜中都名列榜首，所以想要品尝这里的美食就一定要记得提前几个星期预订。

在绍兴，
探寻中国黄酒的历史故事

　　有一年我们在日本旅游，住在东京目黑区的一间民宿，房主是信州人，善饮且热情好客，当天入住时，没想到相谈甚欢，他豪爽地开了一瓶家乡清酒。席间聊起中国酒，他想喝的正是绍兴酒，一直慕名。当即我们和他约定，下次再来东京，一定带来绍兴酒一起分享。

　　绍兴酒，又称绍兴老酒，黄酒的一种。一个"老"字，说明着它悠久的历史。关于绍兴酒的正式文字记载，始于我国第一部记言体国别史《国语·越语》："生丈夫，二壶酒，一犬；生女子，二壶酒，一豚。"《吕氏春秋》中亦有"越王苦会稽之耻，欲深得民心……有酒流之江，与民同之"的记载。现在绍兴城内的投醪河，正是故事发生的地点。这条 300 米长的城中小河就是当年越国将士出征的起点，越地百姓用酒为亲人送行，勾践把酒倾入这条河里，四万多武士喝干河水后登船直下钱塘江。与其他酒的起源相同，绍兴酒同样亦是偶得。西晋大臣江统在《酒诰》中提出自然发酵学说最被认可，文中写道："有饭不尽，委余空桑，郁积成味，久蓄气芳。"

　　绍兴酒独一无二的品质，首先得益于稽山鉴水的自然环境和独特的鉴湖水质。酿造绍兴酒使用的鉴湖水被喻为"酒之血"。鉴湖是在东汉年间由会稽太守马臻带领围堤筑湖，为后来绍兴黄酒的酿造创造了先天条件。鉴湖水源于崇山峻岭的会稽山，经过天然岩石沙砾过滤，水质干净。另外，鉴湖水中矿物质含量高，尤其是钼、锶等微量元素，这些元素特别有利于酿酒中霉菌、酵母菌的生长。因为黄酒生产中用水量很大，浸米、蒸煮、淋饭、洗缸、洗坛等过程都要大量用水，所以水的品质决定了酒品质的走向。

绍兴酒到宋代才真正定名。北宋末年，金兵南下，赵构南逃避难，公元1130年，赵构在越州题"绍祚中兴"（继承国统，重新振兴）四字，1131年改国号为"绍兴"，并升越州为绍兴府，从此，酒以地名，驰名中外。而绍兴黄酒在谷物酿造酒的世界中独领风骚，则是漫长历史中绍兴酿酒人的精益求精与酿酒文化不断叠加的作用。

绍兴酒注重对季节、时令、气候、风土等因素的选择与把控。酒谚有云：立冬开酿，立春开榨。上千年来形成的精湛酿酒工艺，在历史长河中不断精益求精，被一代代酿酒人传承下来。糯米为原料，浸米、蒸饭、落缸、发酵、压榨、过滤、煎酒、封坛，每一道工序都有大学问。如果说"冬酿"是绍兴酒酿造的"开局"，那么"封坛"则是冬酿出好酒的"见证"，堪称绍兴酒整个冬酿季节的

完美收官。封坛也是一个新生命孕育的开始。那封存在陶土坛子里的已不单单是酒，还有四季的冷暖以及那些繁杂而丰富的生命。

在绍兴，整座城市中藏着很多与酒有关的地名，投醪河、会稽山……那是封存在时光中的城市记忆。东晋的风流雅士，在兰亭曲水流觞，举杯吟诗，好不潇洒。而绍兴人，人生的每个阶段也与酒有着联系，年节间有分岁酒、元宵酒，人生大事有交杯酒、祝寿酒，日常生活有乔迁酒、剃头酒、和解酒……大事小情，无不可酒。醇香的绍兴黄酒伴随着人们生命中的成长与变化，记录下悲欢离合的时刻。

一杯酒，配上一餐饭、一道风景，都是绍兴令人回味的地方。饮酒作为一种食文化，在餐桌上充满自己的特色。与酒搭配的美味，有酒可入的美食以及

安昌古镇进入腊月后的盛景 △

随着时代演变的全新物种，万物皆可"醉"，都脱不开绍兴酒的身影与灵魂。清代美食家袁枚在他的《随园食单》中写道："绍兴酒如清官廉吏，不参一毫假，而其味方真又如名士耆英，长留人间，阅尽世故而其质愈厚"。花雕醉鸡选用本地产的越鸡，浸上花雕慢慢炖。表皮嫩黄酥软，内里肉质紧实，咬一口能吃到淡淡的酒香；醉黄鱼则是用腌好的黄鱼辅以适量花雕，肉质鲜嫩；生醉蟹，混合着自然的味道与黄酒的香甜，熟醉蟹，酒味辅助，蟹香恰到好处。绍兴人喜欢把酒放到各种食物里，小食甜点自然也不会放过。醉枣、黄酒布丁、黄酒冰棒、黄酒奶茶，绍兴黄酒的网红衍生品味道也不错。

　　绍兴更有以"醉、糟、霉、酱、腌"制作的绝味美食，可称得上是一座"发酵之城"。与绍兴最配的，莫过于餐桌上的酱物。有俗话说"在绍兴没有一只鸭子能逃过被酱的命运"。"年轻"的鸭子做不了绍兴酱鸭，要选肉质紧实的老鸭，宰好后挂在通风处晾上几个小时，让鸭肉里的水分慢慢蒸发，先腌再卤，卤至鸭成酱红色时捞出沥干，在日光下晒两至三天即成。吃的时候再淋绍兴酒，撒白糖、葱、姜，旺火蒸至鸭翅有裂缝。想要看这酱物的盛景，在母子酱油的产地——安昌古镇可以一饱眼福。青石板铺就的老街，幽深而外墙斑驳的台门，长着青苔的狭长弄堂，门前飘着杏黄色的酒旗，河里不时有乌篷船划过，这是江南古镇常见的景致。但腊月到来，你会发现不一样的风景，沿水而立的门前屋后，酱鸭、酱排骨、酱鹌鹑、酱肠……这些被酱油浸润过的食物，进入腊月就开始被整齐有序地挂在栏杆上，热烈而浓郁，腊味在空气中弥漫开来。这是年的味道。此时此刻，只需寻一家小店，黄酒温了，点一盘茴香豆，来一份酱物，偏爱"霉"和"臭"的，绍兴绝对会给你惊喜，然后不疾不徐，尽情地享受这冬日里别样的悠然自在，感受这穿越时光的古老的、绵长味道。

中国黄酒博物馆

为了让人们更深入地了解黄酒，绍兴特意兴建了一座黄酒博物馆，占地 3 万平方米，建筑面积达 1.6 万平方米，设置丰富的功能区，展示源远流长的黄酒文化。2007 年 10 月，绍兴的中国黄酒博物馆正式开馆，是目前国内唯一展示中国黄酒历史与文化的专业性大型博物馆。进入博物馆，可以先由酒史厅根据时间线索了解黄酒的前世今生。其中博物馆内的地下酒窖真是此间妙藏，以传统模式存放着 4350 坛陈年黄酒和 500 坛奥运酒。贮存是绍兴酒酿造过程中的最后一道工序，又称为"陈酿"。刚酿出来的新酒口味粗糙，香味不足，通过"陈酿"可以促进酒精分子与水分子之间的结合，使酒味道变得柔和、馥郁。根据展厅的指示，沿着楼梯就可到达地下酒窖，由于贮存条件的要求，这里避光、隔热，常年控制在 20℃以下。时光积淀，不时会看到酒坛外壁结着蜘蛛网。不用担心，要知道贮存酒容器中以陶质大坛贮存的酒质量最佳，这是因为陶坛的透气性好，空气中的氧能进入坛内，从而加速氧化反应的速度，而且陶坛良好的透气性也有利于酒中易挥发的有害气体逸出。

绍兴黄酒小镇

"越酒行天下，东浦酒最佳。"乾隆皇帝下江南，品过东浦美酒后，不禁题诗留名。东浦是典型的江南古镇，绍兴黄酒的几大知名品牌，如古越龙山、会稽山、塔牌的前身，都是东浦镇的酒坊。在东浦镇上，越甫桥的不远处是云集酒坊。1915 年，掌柜周清携得意的云集竹叶清酒远渡重洋，终获绍兴酒第一枚巴拿马万国博览会金奖。镇上至今还完好地保存着镌刻着《酒仙神诞演庆碑记》的石碑。碑文中不仅记载着当时绍兴酒的酿造和经营情况，还详细地记载了清咸丰七年七月初七当地祭酒神的盛况。东浦镇繁盛时曾涌现过 500 余家酒坊，据传，每年七月初六至初八，当地都要举行长达三天的酒业会市，除了祭神、演社戏、赛龙舟等文化节目之外，还有许多经济活动，商贩云集，好不热闹。如今的绍兴黄酒小镇在 2015 年创建，累计投入近 50 亿元。由于正处于商业开发初期，目前的东浦小镇既有江南古镇的气息，却又没有过度商业化，带着对绍兴黄酒追根溯源的心思，可以过小桥、赏流水、细细品味，遥想当年酒坊林立的盛况。

在银川，
感受中国葡萄酒的未来

　　葡萄酒的质量七分来自原料，此外，当地的气候、地理条件、微生物环境都会影响葡萄的品质，从而决定葡萄酒的风格表现，因此在葡萄酒界，用"风土"这个词来形容葡萄酒的生长环境。被誉为"中国的波尔多"的贺兰山东麓，有着充足的日照和热量，以及疏松透气的土壤，而贺兰山这座得天独厚的天然屏障则阻挡住来自西部的寒冷空气和内蒙古的沙尘，给葡萄生长造就了适宜的小气候。山是屏障，水是命脉，中华民族的母亲河黄河从青藏高原进入宁夏，冲击出沃野千里的平原，而2000多年的引黄灌溉系统使得银川平原拥有勃勃生机与无限可能。

　　葡萄自西域而来，在古灵州生活过的唐代诗人李欣的诗句"空见蒲桃入汉家"，就出现过葡萄的身影。可以遥想早在汉唐时期，处于游牧民族和中原农耕交界处的贺兰山东麓就已出现葡萄种植和葡萄酒酿造。而在千年之后，这个令人陶然而醉的产业在银川平原展现了全新的可能性。1978年，宁夏第一个现代酿酒葡萄种植园在玉泉营农场登上历史舞台。经过几年的种植尝试，1984年玉泉营农场种植的葡萄第一次挂果5万公斤，1985年宁夏第一批葡萄酒试制成功。20世纪90年代顺应时代发展，玉泉葡萄酒厂与玉泉营农场分离，贺兰山东麓的葡萄酒业开启市场初探。1996年，在玉泉营农场建立的郭公庄园是第一家民营葡萄酒庄，随后越来越多的人被葡萄酒这个醇香沉醉事业所召唤，陆续来到这方土地，共同打造贺兰山东麓的葡萄酒庄版图。在1997年的全国葡萄酒协会讨论会上，国内外专家认定宁夏贺兰山东麓是"中国的波尔多"。经过贺兰山酿酒人辛勤地耕作与不断地尝试，2013年，被誉为"葡萄酒圣经"的《世界葡萄酒地图》第7版中，宁夏贺兰山东麓葡萄酒庄产区被首次列入。

　　贺兰山东麓葡萄酒庄的老藤葡萄树树龄在20年以上，由于地理风土的特性，这里已经形成本区域一套固定的葡萄种植传统。春暖花开时，在清明前后，各个酒庄开始"放树"，就是把上年担心霜冻造成冻害而埋在地下的葡萄藤放出地面，让它们摆脱束缚，重新上架，在明媚的春日暖阳下开启新一年的葡萄酒季节。立夏时节老藤发新枝，小满时节花序正当时，芒种到来绑蔓忙。炎炎盛夏，贺兰山东麓日照时间超长，酿酒葡萄每日都在阳光和风的庇护中悄然发生着变化，成果、转色、成熟，直到 10 月的采摘季。10 月是收获的季节，也是整个贺兰山东麓葡萄酒庄最忙碌的季节，越快速地采摘越能精准控制葡萄的熟成程度。在葡萄开始入桶发酵后，葡萄农会在霜季晚期根据葡萄树的高低在树旁挖出一条条土沟，将葡萄枝修剪后放入土沟，填土掩埋，这个过程就是相对春季"放树"的"埋树"。

　　贺兰山东麓的葡萄酒产区分为 6 个子产区，由北到南分别是：石嘴山和中卫产区、贺兰产区、银川产区、永宁产区、青铜峡产区以及红寺堡产区，聚集大大小小酒庄（企业）211 家（其中建成酒庄 101 家、在建 110 家）。在游览时建议可以从北往南或从南往北进行探访，其中贺兰产区、银川产区比较集中，住在银川市区开车大概半小时车程即可到达。而永宁产区的玉泉营是宁夏葡萄酒的发源地，大家所熟知的轩尼诗夏桐和保乐力加贺兰山酒庄正位于此区。青铜峡产区位于贺兰山脉末端，快速成长的西鸽酒庄正位于这个产区，也是可以提供品质住宿的酒庄。所以从北往南开始酒庄巡礼，对贺兰山东麓葡萄酒产区不断地认知后，最后在酒庄睡上一夜，伴随第一缕曙光照亮葡萄园，从沉醉的梦中醒来，可算是个完满的葡萄酒庄旅程。走在这段旅程中，你会明白村上春树在《如果我们的语言是威士忌》中说到的"酒这东西——无论什么酒——还是在产地和最够味儿，距产地越近越好……大概运输和气候的变化会使味道有所改变。"贺兰山东麓葡萄酒产区在短短 40 年中成长如此迅速，这片土地和这片土地上生活的人们的酿酒故事，经过时间与风土作用，充满不可思议的魅力，将在不远的未来充满着无限的可能。

志辉源石 | 银川产区

志辉源石酒庄很特别，有园有景，进入酒庄的大门，首先感觉像是到了一个景区。这跟它采石采砂的基因不无关系，在当年取之于自然，今日就回馈于自然。这个建在废弃矿山沙坑上的酒庄是袁家祖孙三代 30 年来共同经营的事业。20 世纪 80 年代，第一代袁家人在贺兰山下采砂，带着两个儿子创业。2007 年，宁夏提出发展贺兰山东麓葡萄酒产业，这让第二代袁家人看到了产业转型的方向，改造矿坑，开荒种植，从 2008 年开始，经过长达六年的建设，2014 年成功打造出这座中式建筑风格的园林化葡萄酒庄"志辉源石"。如今的酒庄掌门人是第三代袁家人，年轻的庄主袁园坚持父亲建立源石酒庄的初衷，运营理念也是在自然和品质的体系之下，引进法国、意大利顶级的酿造设备，聘请葡萄酒专家为酒庄的技术顾问，坚持精品与限产。

此次到志辉源石酒庄没有安排参观葡萄园，主要集中在酒庄的主体建筑内。我们了解了酒庄的历史与理念后，穿行在命名为"沉香"的地下酒窖空间，夏日里透着丝丝凉意。法国进口的橡木桶安静陈酿于此，配以石雕、木雕等庄主藏品，静谧、沉静，将中国式的美学精神体现得淋漓尽致。

志辉源石酒庄秉承"天人合一"的理念，传递中国人对葡萄酒的理解，唤起中国传统文化回归。2017 年，志辉源石酒庄被评为宁夏贺兰山东麓列级酒庄三级庄，2019 年被评为二级酒庄，他们的"山之魂""山之子""山之语"系列葡萄酒在国际大赛上屡获金奖。在明亮的品酒大厅，你可以品尝到志辉源石酒庄的全系列酒款，亲身感受这份中国式的葡萄酒之美。

蒲尚酒庄 | 银川产区

葡萄，汉书做"蒲桃"。"蒲尚"意为"葡之尚品、酒之尚德"，这正是蒲尚酒庄的运营理念。一对年轻夫妻白手起家，靠的是对葡萄酒这种新生事物的热爱、好奇心以及对美好未来可能性的期待。似乎从一开始，他们就没打算走一条传统的道路，跨行业进入，选择的主角是当时银川葡萄种植鲜有踪影的马瑟兰葡萄。这种品种是法国农业研究中心用"赤霞珠"和"歌海娜"进行杂交选育而成，在法国未见其大放异彩，竟成为中国西北宁夏产区有潜力的品种之一。2009 年姜婧、杨冀鑫夫妇开始种植马瑟兰葡萄，经过几年的摸索学习，2013 年蒲尚酿造出第一批次成酒，这一年是他们生活中重要的年份，因为未来将被葡萄改变。初试牛刀，蒲尚酒庄的新酒在朋友聚会中频频露面，众人的称赞给了他们前进的信心。2013 年份蒲尚赤霞珠干红葡萄酒入选《贝丹德梭葡萄酒年鉴》，2013 年份橡木桶级马瑟兰干红葡萄酒获得 2014 年国际领袖产区葡萄酒质量大赛金奖。蒲尚酒庄与马瑟兰葡萄紧密联系在了一起。

走在蒲尚酒庄，在庄主的介绍引导下，你能很明显地感受到，酒庄主人不是从开始就思考全面的成果，阶段性扩建的酒窖空间、发酵车间，似乎都在显示马瑟兰这款葡萄给予他们的正面反馈，每年一次回报，每年一次增产，每年一次扩建，这种过程感呈现的是一种真实感，让你了解生于斯、长于斯，把葡萄酒当作事业的人们真正的生活方式。早期他们想着如何酿酒，如今他们思考如何卖酒，在春天开始以后，庄主们坐镇主场，与天南海北到访的人们交流葡萄、畅谈葡萄酒。未来，是光明的未来，因为宁夏葡萄产区拥有最好的契机，用心种葡萄，保证葡萄的品质，好酒总会有更多的人认可与喜爱。

留世酒庄 ｜ 银川产区

酒庄和葡萄园都位于宁夏著名的风景区西夏王陵内，站在葡萄园里就可以看见高耸的陵冢，远处的贺兰山成为经典的背景，一阵风吹过，深感大地之苍茫。人与时间相比似乎无关紧要，但留世的愿景每一代都有。留世酒庄的名字有字面的意思，而"刘氏"的谐音，也是指葡萄园继承自他的父亲。刘老爷子最早开始种葡萄是响应国家政策，但赶上银川葡萄酒发展的最好时机，不得不说是自然的回报。酒庄共有 400 亩（26 万平方米），其中一半面积种植于 1997 年，为宁夏最老的葡萄园之一。这片土壤里的砾石形状和其他葡萄园不同，大多是风化形成的片岩。葡萄园中壤土的比例较大，土质松软，葡萄的根系最深可以达到 5 米。在参观酒庄时，工作人员都会特别将访客带到户外暴露土壤的区域，了解这片风土的独到之处。

在贺兰山东麓产区还未受到广泛关注之时，早前的葡萄园种植十分辛苦，庄主面临着高额投入和微薄收入的尴尬局面。不忍心父亲放弃这片得天独厚的葡萄园，庄主刘海于 2010 年离开原本的事业，全身心投入到酒庄的管理和葡萄酒酿造中。留世酒庄 2011 年才开始酿酒，之前是给附近几家著名的酒庄供应葡萄，随着这些酒庄屡屡获奖，刘庄主认识到了自己葡萄的价值，开始酿造葡萄酒，并创立了品牌"留世 1246"。数字 1246 有着多层深意，一指银川到北京的距离，二指葡萄园的海拔高度。风土条件为葡萄的品质奠定了良好的基础，后面就是酿造人的坚持。崇尚自然、保证品质是留世酒庄的酿造理念，几年的耕耘最终收获认可，酒款在国内外获得大奖。2021 年，留世酒庄被评为宁夏产区二级列级酒庄。

银色高地 | 贺兰产区

银色高地酒庄坐落于贺兰山东麓，坐在集装箱改造的接待处二楼，近处是一望无际的葡萄园，眼光放远，贺兰山的全景尽收眼底，摇着手中的酒杯，会产生漫游葡萄酒酒庄那种浪漫悠闲的感觉。

第一代庄主，银色高地的创始人高林坚信自己的家乡宁夏将会成为一个世界级的炙手可热的葡萄酒产区，1999 年，他开始种植源自法国的赤霞珠，并送女儿高源去波尔多学习更多的葡萄酒知识。学成归来的高源还带回了自己的真爱——世界著名酒庄凯隆世家庄园的酿酒师吉利先生，两人开启在贺兰山旁的酿酒之路。1000 亩葡萄园，15 个工作人员，遵循葡萄酒的酿造年复一年。在坚持不懈的努力下，好消息不断传来，2016 银色高地获得《亚洲葡萄酒评论》中国优质葡萄酒挑战赛第一名，同年被选为国宴用酒。庄主高源身上有着强烈的使命感，希望自己的酒庄能像世界著名葡萄酒产区的酒庄一样，拥有自己独特的风格，诠释宁夏独特的风土。在她看来路还很长，要花时间去学习，去揣摩，去研究，去实践。银色高地酒庄也是我们所拜访酒庄中，除了旗下系列酒款之外，积极尝试起泡酒、蒸馏酒的酒庄。

银色高地酒庄坐落在去往贺兰山岩画景区的必经之路上，这贺兰山石上的远古神秘记忆也不可避免地给银色高地酒庄出品的酒款落下印记，银色高地阙歌干红葡萄酒的酒标上就有这些古老岩画。拜访完酒庄之后去看看这些岩画似乎更能理解酒庄这款酒标的深意。一路上景色绝佳，贺兰山雄浑高大，苍茫感扑面而来。就在这样的山体峭壁之上，约有千余幅个体图形的岩画分布在沟谷两侧绵延600多米的山岩石壁上。画面内容包罗万象，涉及放牧、祭祀、征战、狩猎等各种生活场景，构图朴实，画风自然，既有穿越时空的奇妙美感，又是对生生不息的人类的生命赞美。

贺兰山岩画 △

西鸽酒庄 | 青铜峡产区

从吴忠驱车到青铜峡,看尽了黄河冲积平原的土色大地,
当眼前的景象变成绿色绵延的葡萄园时,你知道目的地
不远了。巨大的风力发电叶片伴随国道地势高低起伏,
有些许印象中的葡萄酒庄旅行的意思了。西鸽酒庄是当
下那种典型的因为建筑风格而备受关注的案例,因地制
宜,以自然生长的地域性为特征,做到与环境相融、与
自然共生,是西鸽酒庄的设计出发点。

酒庄建筑由一道圆形石头墙围合而成。大圆内另砌一个小圆，作为酒庄的主入口。跟随酒庄导览的工作人员，参观的行程与葡萄酒酿造的顺序一样，发酵区、橡木桶酒窖、灌装线，因为设计师的介入，西鸽酒庄的工厂区有种奇妙的美感，充满视觉的韵律。以当地植物为主的庭院是另一种因地制宜。庭院内依旧是宁夏自然的地貌，红柳、骆驼刺、沙棘与巨大的贺兰山石错落成景，框进这个圆形外墙的弧线之内，被驯服的同时，依然保持着自然的力量。

好酒庄首先要酿好酒。除了有着青铜峡的好风土，西鸽酒庄还有自己的一套"3126"酿酒法则，以保证酒的高品质和稳定性。"3126"法则实际上是酿酒过程中重要操作节点的时间守则，即发酵期 3 个月，入橡木桶陈酿 12 个月以上，最后再瓶储 6 个月以上。这是一个时间守则，是西鸽"匠心酿好酒"的决心。他们的野心也很大，工作人员介绍未来的产量目标是年产 1000 万瓶，对标的目标是"奔富"酒业。对于创始人张言志来说，这不是个天方夜谭，葡萄酒专业出身、当过酿酒师、做过葡萄酒贸易的他，是那种懂技术又懂销售的企业掌舵人。

拥有工业美感的西鸽酒庄生产区 △

西鸽酒庄提供高品质的酒庄住宿体验 △

西鸽酒庄的定位十分清晰，要做那种体验式的酒庄旅行，设计师精心设计的生产区、带风景的有机餐厅、有品质的酒庄酒店，让停留变得顺理成章。而且选址的鸽子山一带也充满人文要素，那里曾出土细石器文化文物，并且有远古时代结构完整的火塘遗址。在西鸽酒庄的北部保留了完整的明长城北盆口段。这段长城是明代戍边时防护北方游牧民族的屏障，在苍茫大地矗立了几百年，十分值得一看。这些都是这片土地上曾繁衍生息的人们留下的生活印记，今天则变为广阔的葡萄园来书写新的本地故事。

保留完整的明长城北盆口段 △

永宁产区

永宁产区的玉泉营是宁夏葡萄酒产业的发源地，产区呈东西分布，西部靠近贺兰山脚下的区域为砾石土壤，东部为风沙土壤。产区以大型酒庄为主，酒庄规模、产量都比较大。其中西夏王酒庄是宁夏农垦集团所属国有企业，其前身为宁夏农垦玉泉营葡萄酒厂，始建于1984年，是宁夏第一家葡萄酒企业，种植了第一株葡萄树、开垦了第一片葡萄园，并开发生产了宁夏第一瓶葡萄酒。西夏王葡萄酒业有限公司对宁夏产区有非常重要的影响力，不仅在于其历史地位和生产规模，它还是宁夏酿酒师和种植师的摇篮，同时也诞生了一批优秀的管理者。现在这些人依然在为宁夏贺兰山东麓葡萄酒产区贡献力量。

巴格斯酒庄始建于1999年，是全区最早从事酒庄葡萄酒酿造的专业化企业之一。酒庄的建筑由几座气质柔美的欧式城堡组成，还拥有一个音乐大厅，曾举办过多场音乐会。庄主因为对葡萄酒的热爱，全身投入到这个产业中，巴格斯酒庄在2019年、2021年的列级酒庄评审结果中被评为二级酒庄。

类人首酒庄的标志来自著名的贺
兰山岩画中的太阳神形象。这个
形象在宁夏广为人知，给产品也
带来了极高的辨识度。

保乐力加集团是全球著名的酒
商，同样也把眼光投到了银川这
片热土。旗下贺兰山品牌的葡萄
园最早种植于 1997 年，是当地
树龄最长的葡萄园之一。依托集
团强大的渠道能力和品牌运营能
力，公司用很短的时间就打造出
贺兰山品牌。

夏桐酒庄是目前宁夏唯一专业生
产起泡酒的酒庄，种植的葡萄品
种和酿造方式都遵照法国香槟区
的传统。葡萄品种为霞多丽和黑
比诺，手工采摘，带梗压榨，采
用瓶中二次发酵法来获得持续不
断的气泡，并且至少瓶储 18 个
月才会上市销售。

打卡：
城市酿造酒馆

　　酿酒师用时间酿好的酒，最终在契合的场景，与爱这一杯蕴含思想、表达深刻、芳香醇厚的人相遇，才是一杯好酒的最终归属。在日常生活的城市里，熟知几家隐藏在街头巷尾的日式小酒馆、风格悠闲的小餐馆（Bistro）餐厅，是拥有良好生活品质的保证，老板懂酒，对酒类酿造有自己的理解，选择些心头所好，或许是冷门的、或许是独特不羁的……胜在是别的地方无法相遇的口感，就像那些无法相遇的人与情感，此情此景，恰到好处。这样的所在，或许现在还不多，就更加弥足珍贵。在太阳未落时的露台悠闲举杯，当夜幕降临后自在微醺，好在这偌大的城市里，还是有个自己知道的地方可以踏实安放情绪与热爱。

📍 北 京

京 A

● 品类：精酿啤酒
　地址：北京市朝阳区幸福村中路 57 号
　营业时间：周一～周四 11:00～午夜，
　周五～周六 11:00～次日 3:00
　周日 11:00～午夜

京 A 是 2012 年在北京创立的一家不断推陈出新的酿酒厂，沉醉于寻找有趣的食材和意想不到的口味来创造啤酒，从经典款式的改良到大胆组合的实验，还有与来自世界各地的啤酒厂的合酿。三里屯曾经的旗舰店，1949 院内，有种闹中取静的感觉。各分店有 10余种啤酒在售，有常年供应的经典款式，也有颇具实验风格的季节佳酿。招牌的周末早午餐很值得尝试。

TAP bar 踏葡

- 品类：葡萄酒、自然酒
  地址：北京市朝阳区新东路新源里西 1 号楼
  营业时间：15:00~ 次日 1:00（周一休息）

这是北京第一家主打自然酒的小酒馆，店里有一整墙的自然酒可供选择，价格从 300 元到 1000 元不等，单杯普遍价格是每杯 68 元，如果你想要点单杯，要先了解当天是否有开了的酒。有亮点的小食是踏葡的特色，鸭舌、鱼片、鱼饼、猪油渣榨菜……各有风味，非常符合自然酒的气质。尽可根据当天开的自然酒的风格特色选择搭配。

Hide&Seek

- 品类：葡萄酒、鸡尾酒、威士忌
  地址：北京市朝阳区芳园西路 6 号丽都花园院内
  营业时间：周一~周日 17:00~ 次日 2:00

Hide & Seek 选址在丽都花园之中，被树林河流环绕，地中海风格建筑与自然完美融合在一起。空间巨大，分为不同的功能区域，从吧台延伸出高低错落的卡座区域、供应精品葡萄酒的休闲空间和可贵的户外绿洲露台空间，根据天气、心情，任选就座，每一处都舒适。重要的是主理人懂酒，选酒品味上佳，是在北京可以好好喝酒的秘密空间。

白老虎屯
White Tiger Village

- 品类：葡萄酒、自然酒
  地址：北京市朝阳区农展北路甲 5 号首厚大家底商
  营业时间：18:00~ 次日 1:00（周二休息）

以前的白老虎屯在北京是颇有名气的风格餐厅，如今的新店是家环境优美的小酒馆。食物主打云贵创意菜，每一道都很精致。店里有单独的酒窖，精选各种自然酒，在酒窖可以选择整瓶购买，600 元起步的选择种类较多。白老虎屯的空间打造精心，胜在氛围，是可以放松的小酒馆。

C5sake

● 品类：清酒

地址：北京市朝阳区三里屯西五街五号院 f 座

营业时间：10:30~19:00

京城文艺老店，定位在咖啡 + 艺廊 + 家具店，后来又
与时俱进地增开清酒业务。位子不多，有点东京小店
的意思，专注于售卖日本凭借自然理念酿造的清酒，
很多日料店里不常见的小众牌子。可以点一个套装品
鉴，自选三杯，小酌也能多尝几个口味。

办个清酒会

● 品类：清酒

地址：北京市朝阳区三里屯北小街一坐一忘北侧

营业时间：18:00~ 次日 1:00

"办个清酒会"就在三里屯一坐一忘一楼内，一家小
店，专攻清酒，放松舒服，有很多有趣的清酒选择。
请勇敢走进餐厅大门，向左径直走然后坐下喝起。老
板山山当年在日本工作，用日语考过清酒侍酒师证的
资历一直被酒友津津乐道。选择的酒款大都特别小众，
可以一边喝酒一边和老板聊聊日本酒的知识。

大酉

● 品类：葡萄酒、自然酒

地址：北京市东城区美术馆后街 77 号 77 文创园内

营业时间：周一至周四、周日 10:00~ 次日 1:00；

周五、周六 10:00~ 次日 3:00

这是一个葡萄酒主题空间，分区众多，信息量巨大。白天
是咖啡馆，可以日常会友放松，餐吧区全时段营业，主厨
Paulo de Souza 曾经是北京知名的巴西风味餐厅 Alameda 和
高级西餐厅 Salt 的行政主厨。零售区域出售的红酒以生物动
力、天然葡萄酒、小批量生产的独立庄园为主。餐厅之外的
活动空间会以月为单位进行不同酒庄的主题展览。

直人烈酒商店

- 品类：威士忌
  地址：北京市朝阳区朝阳门外大街 6 号新城国际
  26 号楼 103A 底商
  营业时间：12:00~24:00

人称"威士忌哥"的郭威是京城威士忌圈的资深人士，2008 年来自香港的他在北京三里屯开办第一家专业威士忌酒吧 Glen Bar，自此也掀起了北方威士忌酒吧的浪潮。2018 年将新的品牌直人烈酒商店开在社区，虽然叫商店，但是客人买了酒就能立刻开了喝。风格一改往日的精致有型，气氛更加放松和愉悦，除了各种威士忌，还有特色的定制桶酒，都拥有非常有诗意的名字。

北平机器

- 品类：精酿啤酒
  地址：北京市东城区方家胡同 46 号院内 E101 号
  营业时间：周一～周日 16:00～次日 2:00

新鲜、本土、创新，是北平机器的核心主张。2016 年开在方家胡同的第一家精酿啤酒店有 32 个酒头，工体店则坐拥 64 个酒头，当中既有品牌自酿，也有国内的客啤以及国外顶尖酒厂的生啤，口味选择众多。精酿啤酒配煎饼，是北平机器极大的特色组合，煎饼在传统天津煎饼的基础上进行了大胆的改良和创新，让精酿啤酒的本土化有了绝好呈现，烤鸭、酱肘子、牛肉等口味的煎饼中总能找到一款你的最爱。

● 上 海

Bar a Vin

- 品类：葡萄酒、自然酒
  地址：上海市嘉善路 87 号
  营业时间：16:00~24:00

藏匿在嘉善路上的酒馆，不营业时完全想象不到夜晚有多热
闹。一整面墙的酒，服务员如数家珍，不拘泥于自然酒或传
统酒庄，本着只要好喝就成的原则，一定可以挑到一款满意
的。配餐也可圈可点，无论是最早沽清的蛏子，还是可口的
白菜猪肉卷，还有软烂不失弹性的牛舌，都让人在这里以喝
酒的名义大快朵颐。

Vinism

- 品类：葡萄酒、自然酒
  地址：上海市东诸安浜路 57-1 号
  营业时间：周一、周二、周四、
  周日 17:30~ 次日 1:00；周五、周六 17:30~ 次日 2:00

酒的品类很全面，如果一进去有些蒙，黑板上每周更新的杯
卖酒则是最好的入门选项。这里的配餐食物有中餐的影子，
如水煮蛏子、猪头肉冷盘，是很多酒客挚爱的下酒菜。

Cellar to Table

- 品类：葡萄酒、自然酒
  地址：上海市东诸安浜路 57-1 号
  营业时间：16:00~24:00

外滩 22 号 NAPA 休业期间，小酒馆成为主厨们的新舞
台，这里气氛更放松，价格更便宜，核心是酒，菜单、
酒单都很有诚意。空间营造出花园感，植物郁郁葱葱，
配上红砖地，有了浓浓度假风。两位主厨弗朗西斯科
（Francisco）与弗尔南达（Fernanda）是情侣，菜品有
不少新意。

RAC BAR

● 品类：葡萄酒、自然酒
　　地址：上海市安福路 322 号 14 幢 4 楼
　　营业时间：18:00~ 次日 1:00

安福路上的网红早午餐店，晚上酒吧时段可以避开人流。全
透明的酒柜在整个空间里熠熠生辉，坐于吧台便可对所有酒
品一目了然；门、窗和橱柜的金属边框都被刷成了葡萄酒瓶
之绿，包括地面大理石的主色亦选用了绿色；位居中央的大
餐桌是直接剖切的树干，纹理清晰可辨，朴拙的质感让人联
想起葡萄园的土壤和南法酒庄。

Soif

● 品类：葡萄酒、自然酒
　　地址：上海市武定路 550 号 105 室
　　营业时间：18:00~ 次日 1:00

Soif，中文"渴"的意思。这家装修风格自然，裸露的墙砖、
没有涂刷的水泥墙面，干花插在空酒瓶里，至于每日酒单和
菜单，干脆直接用黄色马克笔画在了镜面上。餐室被隔成两
个区域，吧台部分适合三两好友闲聊小坐。穿过拱门则是几
张大桌，通透的玻璃酒窖也藏身于此。背过身去，赫然发现
一个挂满各种自制香肠、腌肉的熟成柜，冷切肉拼盘里的鸭
胸、里脊肉片还有辣味香肠 Chorizo，十分有意思。

185

OHA EATERY
and Café

● 品类：葡萄酒、自然酒
　地址：上海市安福路 23 号
　营业时间：12:00~23:00

发酵产生的酸是苗寨人饮食中不可缺少的元素，
这家以贵州风味为主打的融合菜餐厅，在餐食上
发挥了贵州发酵食物独有的风格，红酸汤、白酸汤、
糟辣椒都被主厨进行创意搭配和组合，产生新的
味觉体验。团队还把在贵州采风的笔记做成一本
杂志，上面记录着那些独具特色的贵州风味元素
和菜单的创意灵感。每隔两个月换一次新菜单，
酒款主打自然酒，可以根据自己的喜好进行有趣
的尝试。

Mikkeller Tasting Room

● 品类：精酿啤酒
　地址：上海市延平路 98-1 号现所
　营业时间：14:00~24:00

Mikkeller 是创立于 2006 年的丹麦精酿啤酒品牌，拥有独
特的创新啤酒配方和大胆的设计创意，不论是咖啡、樱
桃、柚子、百香果还是辣椒，都可以为啤酒增加特别风味。
酸啤系列是品牌非常有特色的产品，受众多精酿啤酒爱
好者的追捧。2020 年 6 月，Mikkeller 在上海静安寺商圈
开设了 Mikkeller Tasting Room，瞬间成为上海时尚与创
意人士的聚集地。此后不到一年，Mikkeller 又在上海新
天地开设 2 号店，以全新的"酒吧＋餐厅"组合形式亮相，
有了早午餐的选择。

松间酒馆

● 品类：精酿啤酒
　地址：上海市惠民路 927 号 e 朋汇
　营业时间：周一 ~ 周六 17:00~ 次日 1:00

一家定位为社区感的自酿小酒馆，位置隐蔽，却有种
宝藏酒馆的感觉。装修虽然是日式风格，但店内却主
打口味丰富的新鲜本地精酿，苦荞艾尔、燕麦世涛、
荔枝海盐、咖啡科隆……价格也合理。可以先点试饮
套装，选择自己喜欢的口味，再进行后续畅饮。好酒
配好菜，他家可圈可点的是中式下酒菜和面，特别是
镇店的油泼鸡丝面，好评如潮，深夜里的佳选。

壹零伍单一麦芽威士忌俱乐部

- 品类：威士忌
  地址：上海市绍兴路 96 号
  营业时间：10:00~24:00

坐落在老牌文艺街道绍兴路，老板 Frank 是格兰花格中国区品牌大使，走进店内后第一眼就会被整面墙的格兰花格珍稀家族桶酒款所吸引。店里众多威士忌都能用平板电脑点单，是只认酒标不识酒名的朋友的福音。除了价格公道的威士忌，专业三件套（威士忌 + 水和滴管 + 超完美冰球）和风味嗨棒（Highball）也大大加分。通过低温慢煮和离心技术，将紫苏、生姜和龙眼蜜的滋味完美沁入到威士忌中，配上清凉的气泡，堪称完美的夏日饮品！

Pot Stills 上海蒸馏器

- 品类：威士忌
  地址：上海市绍兴路 96 号
  营业时间：周一～周四 10:00~ 次日 1:00
  周五至周六 10:00~ 次日 2:00

Pot Stills 上海蒸馏器在消夜一条街定西路，下午是个咖啡厅，晚上则是威士忌补给站。门口很隐蔽，放着若有若无的爵士乐，灯光昏暗，气氛沉静。店中的威士忌多是老板的私人珍藏，百款来自全世界的威士忌陈列在空间两侧，其中包括许多已经绝版或停产的日本威士忌。Pot Stills 的店酒是一款来自瑞士的 Säntis Malt 威士忌原桶酒，很有存在感的酒款。

Tips

以上推荐仅局限在北京、上海两城，无法全面客观，尚且算抛砖引玉。到底选择的标准在哪里？主题肯定是关于发酵酿造，主要体现在两类：一类是主人有自己酿造方面的尝试，另一类是主人不仅仅局限在酒类销售，还拥有酿造酒的知识，关注酿造文化，选择的酒款既品质优秀，又能展现酿造酒世界的丰富性，并积极通过活动、出版物等方式宣传酿造酒的文化。最后要说，一家可以好好品酒的小酒馆，气氛自然是轻松、舒适、欢快的，适当的热闹，但绝不喧嚣，可以让人好好感受主角。相信全国其他城市也有不少这样的场地，也欢迎大家推荐。

高梓清 Isabella

大酉创始人

Q 作为葡萄酒买手，你的选择标准是怎样的？

A 我们大酉会选择工匠式的生产模式，倾向比较独立的酒庄和品牌，比如从葡萄来说，一定不是工业化的生产，人工采摘，精细化的管理、有机种植等，类似于酒庄里的设计师品牌。

Q 对中国本土酿造的葡萄酒的表现有何看法？

A 我们非常支持国内本地的酿造者，比如小圃酿造开始做自然酒的第一年，第一款酒 My Girl 我们就买了一桶。酒可能不是最完美的，但是值得关注的，未来肯定会有发展潜力。我们愿意去支持这些拥有国际视野，愿意深耕本地，去尝试实验的酿酒师和品牌。

Q 葡萄酒的酿造是个缓慢、低效的事情。你如何理解时间？

A 很好的葡萄酒其实是定格时间的，在喝到一款好酒的时候，它会让你回想是如何喝到的，那个场景其实就被定格了。

郭威 威士忌哥

Glen bar、直人烈酒商店、九万杯 创始人

Q 大酉是现在京城风头正劲的葡萄酒买手店，为什么要创建这样一间"客厅"？

A 主要考虑是葡萄酒为主的线下业态比较少，我希望这个场景拥有极致的体验、合理的价格，并能降低体验的成本。所谓极致的体验体现在各个方面，比如酒具会选用奥地利的 Zalto 顶级手工杯，用 Coravin 取酒器控制酒的温度、状态，像拉菲这样的酒都可以按杯来卖，降低大家尝试的门槛。同时也会做很多葡萄酒的主题活动，做丰富的内容，每季更换酒单，推出新品，让大家可以不断去探索。

Q 大酉算是北京最早推广葡萄酒的酒吧 + 餐厅，个人如何定义自然酒？

A 对自然酒现在其实有多误解，很多人认为很奇怪的酒就是自然酒。我们选择的第一标准就是要干净，一些太极端或者明显酿得不好但打着自然的旗号的酒，我们是不会选的。我有个比喻，自然酒就像没有化妆的素颜女生，这个自然依然会呈现美、健康的状态。大酉算是北京头两家做自然酒的酒吧，我们一直认为自然酒不该是小众的，更应该是让更多人了解，去做自己的选择，真正喜欢它。

Q 大酉是兼顾酒品质与空间风格的店，你认为的饮用葡萄酒的理想场景和饮用方式是怎样的？

A 我其实一直最喜欢的场景是在街边，拿着纸杯喝葡萄酒，撸着烤串。传统葡萄酒在惯性思维中是精致的，但我们是想打破这种精致，不仅仅服务小圈子，希望让更多人跟我一样感受到这种乐趣。

Q 作为最早到北京开威士忌酒吧的先行者，能分享下你感受到的对威士忌酒理解的变化吗？

A 其实 2000 年后一些大的威士忌品牌已经进入中国市场了，2008 年算是一个转折点，威士忌这样的消费场景的出现，使得威士忌这个品类开始被大家关注。文化是因为有了场景才开始兴盛起来，比如上海最早的酒池星座 Bar Constellation，北京最早开的格兰酒吧 Glen Bar。2012 年《三联生活周刊》的威士忌专题推出，感觉威士忌酒一下进入爆炸的状态，身边有很多人纷

纷进入威士忌吧领域。但到了2015年、2016年又发生了变化，很多懂酒的人已经不满足于酒吧这个单一场景，有了相关知识的积累后，从饮酒者成为爱好者，也自己去找好的威士忌，参加相关的展会，这成为生活方式的一部分，人们开始追求更好的品质以及更高的性价比。

李鹏

SSI国际酒匠、国际日本酒讲师、
清酒媒体出版人、日料店经营者、
清酒大赏创办人

Q 从饮酒人到专业人士，对清酒这种酿造酒的理解有什么变化？

A 以前爱喝酒，其实追求的就是单纯的味道，追求的是酒精带来的愉悦感，但现在要做的是欣赏一款酒、评价一款酒。好的酿造酒其实跟艺术品是一样的，与音乐、舞蹈、绘画是相通的，讲的是人感官上的感受。好的酒一样有起承转合，一样有不同的个性，有着酿酒师的表达。另外要探究的是这个味道是如何来的？为什么会酿成这样？这是我觉得最大的转变，去理解味道的来源和开始深究这个作品如何完成。

Q 清酒酿造吸引你的特别之处是什么？

A 清酒在味觉上有非常多的种类，尝试不同风格，探索味觉上的新鲜感是一件很好玩的事。除了单纯的口味之外，酒类知识本身也是有意思的事情。清酒的酿造过程有很多细节，喜欢对爱好进行深挖的人往往有着旺盛的好奇心，清酒的历史、工艺等等可以满足这种好奇心，也增加了人们对于日本文化的了解。

Q 作为威士忌达人会的元老级人物，你认为威士忌酒最佳的饮用场景是怎样的？

A 与其他酒类相比，威士忌非常适合独处时享用。另外谈事情、人数很少的小酌，都非常适合。

Q 关于开始喝威士忌，会给新人什么样的建议？

A 我建议先把边界建立起来，在品质过关的条件下，去喝一些极端的酒，比如非常浓郁的和非常轻盈的，酒龄非常高的和非常浅的，然后不同产区最有代表性的酒，先把边界和坐标建立起来，再去找自己的喜好。

Q "办个清酒会"从线下活动到线下实体店，有着怎样的计划？选酒的标准是怎样的？

A 从2010年到2015年都是和朋友们聚在一起，是每天喝点儿的爱好者时期。2016年几个朋友一拍即合说弄个同好交流会吧，"办个清酒会"应运而生。最开始也没想好，后来认识了台湾的酒友Riva，Riva是台湾第一批唎酒师，这也推动我走上了清酒的专业化道路，考取了"唎酒师"认证。要做专业的清酒，就需要一个地方去承载，去进行实践，通过酒与人进行交流。在"办个清酒会"这个实验室，我希望把关于清酒的知识和技能实践起来，与更多人分享。这里的酒我会想做一些有趣的尝试，比如最古老的发酵工艺和最前沿的发酵工艺的酒款组合，一些日料店没有的、有故事的小众酒款。未来也会做很多活动，举办专业性的品鉴会。

Q 在你看来什么决定了一瓶清酒的优劣？对于初饮者可以给一些建议吗？

A 我觉得最关键的是人，是酿酒师的想法和技术。先要多喝，给自己建立一个品味清酒的坐标体系，其次，必要的话可以参加一些面向初学者的课程和品酒会，有朋友一起交流也会提升自己喝酒的动力。品酒能力的提升其实是一个积累的过程，需要时间的演变，积极去探索和欣赏每款酒的不同个性。

探索：
旅行目的地的发酵主角

发酵酿造，本地风土赋予它无法替代的特性，不同的地区，因地理条件、特产风物、历史文化不同，人们对发酵这古老技艺的传承会呈现出奇妙的差异。以发酵酿造为主题去梳理熟悉的旅行目的地，就会有全新的发现。

『北 NORTH 』

北京
腐乳　豆汁

京味特色发酵食物包括王致和腐乳、老北京豆汁。王致和腐乳的发酵技术传承至今已有 300 余年，时至今日，"王致和"作为地道的"中华老字号"，依然出现在日常生活之中。最特别的要数臭豆腐，被慈禧赐名"御青方"，味道令人印象深刻。

《燕都小食品杂咏》中说：以绿豆为原料，因发酵而有"馊味"的豆汁属于北京城一个特别的存在。谁发明的不可考证，但在清乾隆年间已经上了皇宫的餐桌。"得味在酸咸之外，食者自如，可谓精妙绝伦。"喝豆汁必须配切得极细的酱菜，一般夏天用苤蓝，讲究的要用老咸水芥切成细丝，拌上辣椒油，还要配上炸得焦黄酥透的焦圈。

黑龙江
哈尔滨大列巴

大列巴是哈尔滨最有个性的特产，技术由俄罗斯传来，面团经过啤酒花发酵，以特有的硬杂木烘烤，外皮焦脆，内心松软。

河南
杜康酒

杜康是中国古代传说中的"酿酒始祖"，但遗憾的是杜康酒的酿法随着历史的发展失传了，新时代的杜康酒在努力复兴，成为河南酒的典型代表。

河北
衡水老白干

衡水老白干历史悠久，迄今已有 1900 多年的历史，"老"指衡水酒的历史悠久，"白"指酒体清澈透明，"干"指燃烧后不留水分，"老白干"三个字是对衡水酒的高度概括和赞美，它是对 2000 年衡水酿酒人的赞美和讴歌，已与衡水密不可分，已成为衡水的地方特色和特产。

吉林
酱　朝鲜泡菜

松花江流域和饮马河两岸适合大豆的生长。据历史史料记载，满族先人在远古时代就以黏米酿酒，以豆类做酱，历史十分悠久。酱的特点是自然发酵，酿造周期长，一年只做一次。由于菌株多，接种制成的酱曲发酵状态持续旺盛，风味品质高。

延边朝鲜族泡菜白里透红、色泽新鲜、口感酸、辣、甜、咸，让人回味无穷。泡菜发酵的主要微生物是乳酸菌，乳酸菌产生乳酸后不断积累，造就它独特的发酵风味。

辽宁
酸汤子

酸汤子是东北满族传统饮食中最具特色和风味的一种美食，用玉米水磨发酵后做成的一种粗面条样的主食。酸汤子分为清汤酸汤子和浑汤酸汤子，清汤是将面条捞出后拌上蔬菜和佐料，浑汤则是面条和汤混合在一起。根据面条原料的不同，口感和滋味也不同。

山西
醋　汾酒

醋是华夏文化重要的组成部分。西周时期，周公所著《周礼》一书中就有关于酿醋的记载，春秋战国时代已有专门酿醋的作坊，历史学家考证后认为，公元前 479 年，晋阳城建立起来时就有了醋的酿造。山西醋种类繁多，其中老陈醋知名度最高，以色、香、醇、浓、酸五大特征著称于世。造就其特点的原因包含特定原料和酿制工艺，"山西老陈醋"2004 年开始实施原产地域产品保护。

据史料记载，山西酿酒史已有 4000 余年，其中的汾酒是中国历史上较早的名酒，是中国清香型白酒的典型代表。原料选用晋中平原特产大麦、豌豆，利用杏花村地区特有的微生物群，通过双清地缸工艺控制酿造过程。

『南
SOUTH 』

湖南
长沙臭豆腐

作为湖南长沙传统的特色名吃，当地人又把它称为臭干子。豆腐经特殊发酵工艺制作，色墨黑，外焦里嫩，鲜而香辣，初闻臭气扑鼻，细嗅浓香诱人。

广西
桂林豆腐乳

桂林豆腐乳是广西著名土特产，选用优质黄豆，采用霉菌发酵，质地细滑，味道鲜美，是白腐乳的代表，也是"桂林三宝"之一。据记载，桂林腐乳有300多年的历史，清代著名诗人袁枚曾在《随园食单》中用"广西白腐乳最佳"的评价来赞誉桂林豆腐乳。

广东
广式腊味

"秋风起，食腊味"是岭南地区的传统饮食文化，"腊"是一种肉类食品的处理方法，是指把肉类以盐或酱腌渍后，再放通风处风干。农历十二月被称为"腊月"，这时的天气干燥，蚊虫少，最适合风干，制作腊味。中山市黄圃镇是广式腊味的发源地，也被称为"腊味之乡"。黄圃腊味起源于清光绪年间，拥有悠久的制作历史，利用本地原材料，经过多种传统手工技艺制作而成，色、香、味俱佳。

江西
南昌塔城豆豉

"全国豆豉，江西最好。江西豆豉，南昌第一。"这是流传在民间的一句古话，在远离市区的南昌县塔城乡，塔城水岚洲出产的纯天然优质黑豆经传统工艺流程制作，对温度、火候、时间等均有特定的要求。世代相传，逐渐形成了独具一格的地方风味特产"塔城豆豉"。

台湾
高粱酒

台湾有三宝，分别是阿里山、日月潭和高粱酒。台湾高粱酒被誉为台湾第一美酒，清澈的水源和饱满的高粱为台湾高粱酒提供了优质的原料基础；因地制宜的独特生产工艺，将小曲与大曲两种酿酒工艺进行融合，坚持以纯粮固态发酵，也是台湾高粱酒好喝的关键要素。另外坑道窖藏的特殊环境造就了特殊的菌种，也使得台湾高粱酒无法被轻易复制。

『 西
WEST 』

甘肃
天水浆水

浆水是甘肃的特产之一，其中尤以天水浆水最为著名。有人形象地说，天水人走到哪里，浆水缸背到哪里。传统天水浆水选用春天山上鲜嫩的苦苣发酵制成，如今芹菜、圆白菜都可以为原料。

福建
虾油 红曲

虾油，又称为鱼露，是闽菜、潮州菜和东南亚料理中最常用的调味料之一，虾油以新鲜小海鱼、虾为原料。虾油的历史非常悠久，能够延续至今，与其独特的鲜美滋味密不可分。天然发酵的虾油生产周期较长，一年以上才能使之拥有更好的风味。

红曲，俗称红米，是将红曲霉菌接种在蒸熟的大米上，经发酵培育而成的紫红或棕红色颗粒，具有发酵、防腐、着色的功能，还可以入药。古田红曲在明朝万历年间已颇负盛名，《古田县志》卷七"实业篇"中记载："邑东北等区出产以红曲为大宗。"红曲应用广泛，最先用于酿造黄酒，后在腐乳、食醋、食品色素及中药上均有广泛应用。福建是南方红曲的发源地，故红曲又称"福米"。

四川
四川泡菜

四川泡菜的历史源远流长，据史料考证，泡菜古称菹，《周礼》中就有记载，三国时期就有泡菜坛，北魏的《齐民要术》记有用白菜制酸菜的方法。四川自古物产丰富，为了保存新鲜的蔬菜，四川人发明了泡菜。2010 年，四川泡菜成功申报为国家地理标志保护产品，保护区域涵盖四川 21 个市（州）144 个县。

内蒙古
酸马奶

酸马奶是蒙古族传统奶制发酵饮品。据史料考证，酸马奶起源于春秋时期，自汉便有"马逐水草，人仰潼酪"的文字记载，极盛于元，流行于北方少数民族已有 2000 多年。西方旅行家马可·波罗、鲁布鲁克等均在他们的旅行中有所记录。每年七八月份牛肥马壮，正是酿制酸马奶的好季节。

陕西
西凤酒 太白酒 桂花稠酒

西凤酒古称秦酒、柳林酒，产于陕西省宝鸡市凤翔区。始于殷商，盛于唐宋，距今已有 3000 多年的历史。西凤酒以"醇香典雅、甘润挺爽、诸味协调、尾净悠长"的独特风格闻名，2003 年 9 月开始西凤酒实施原产地域产品保护。

太白酒是历史悠久的中国传统名酒，始于商周，盛于唐宋，成名于太白山，闻名于唐李白，是中国最古老的酒种之一。

桂花稠酒又称黄桂稠酒，是用糯米和小曲酿成的甜酒，为陕西特产。据说历史可以追溯到周代的"醪醴"。北魏的《齐民要术》中称为"白醪"。盛唐时期，朝野上下，莫不嗜饮，酿造技艺进一步提高。相传"贵妃醉酒"喝的就是陕西稠酒，所以也称贵妃稠酒。

新疆
馕 俄罗斯比瓦

"馕"，波斯语音译，意为面包。馕是维吾尔族人最早的饮食财富，在新疆的历史源远流长。馕的品种很多，但古今制馕的主要原料和基本方法是不变的。新疆馕饼的制作包括和面、发酵、制形、烘烤等工序，其中发酵过程直接影响着馕饼的口感和品质。发酵所使用的发酵剂维吾尔族人常称为"老酵头"或"酵子"，它的选择和使用决定着馕饼的口感和品质。

"比瓦"俄罗斯语是啤酒的意思，这种入口清凉、甘甜微酸、回味醇香的啤酒是用啤酒花、麸皮、蜂蜜等经过熬制，再通过发酵生产出来的，是俄罗斯族人特有而且世代相传的自酿发酵饮品。

青海
甜醅 青海老酸奶

甜醅是中国西北地区的特色小吃之一，原料选用青藏高原的特色作物青稞，发酵而成，有着清香的酒味。

早在 641 年，唐朝文成公主进藏的民间故事中就有关于酸奶的记载。青海传统老酸奶在瓷碗中发酵，是固态状态，必须用勺子舀起来吃，所以青海人不说喝酸奶，而是说"吃"酸奶。现在西宁市街边仍有不少酸奶摊，酸奶装在白瓷碗里，上面盖上玻璃。

宁夏
贺兰山东麓葡萄酒

宁夏是我国最早种植葡萄及酿造葡萄酒的地区之一，唐末诗人贯休"赤落蒲桃叶，香微甘草花"的诗句，证明在唐代宁夏地区已经有葡萄大量栽培。而元代诗人马祖常《灵州》一诗中的"葡萄怜美酒，苜蓿趁田居"，说明在元代，宁夏已经是葡萄的重要产区。

2003 年，贺兰山东麓通过"葡萄酒国家地理标志产品"保护区认证，发展成为酿酒葡萄种植和高端葡萄生产的重要基地。近百个葡萄酒庄星罗棋布于贺兰山脚下，宁夏成为我国第一个真正意义上的酒庄酒产区。

云南
宣威火腿　西双版纳酸肉

宣威地处滇东北，冬季气候寒冷，适宜腌制腊肉，清雍正五年（1727 年）置宣威州后，火腿便以地名命名，称宣威火腿，流传至今已有近 3 个世纪的成名史，被称为"华夏三大名腿"之一。

在云南的西双版纳傣族自治州，生物的多样性也造就了独特的味道。其中傣族饮食酸味食品中的酸肉非常特别，其中的酸牛筋看上去清清爽爽，却微酸开胃，味道让人难忘。

西藏
青稞酒

以青稞为主要原料酿制而成的青稞酒，是西藏美食的重要名片，逢年过节、结婚生子、迎送亲友时它都是餐桌上必不可少的主角。青稞酒承传 400 年，最初在藏区几乎家家户户都能制，酿造工艺从明清开始逐步完善起来。

贵州
苗家酸汤　白酒

苗族吃酸的历史悠久，他们深居高山，缺少食盐，因而用酸来进行调味。白酸汤用米汤和水放在火塘边自然发酵而成，红酸汤以山地番茄、红辣椒为主，佐以花椒、木姜籽等多种配料制成。

贵州省白酒产业发展得益于其自身独特的自然生态环境以及悠久的酿酒历史，除国酒茅台外，还有很多受欢迎的白酒品牌。茅台镇得天独厚的地理环境为茅台酒的酿造提供了良好的物质基础，赤水河水质好，入口微甜，用这种水酿造的酒特别甘美。茅台镇一年中有 5 个月温度维持在 35 ～ 39℃，这种高温高湿的气候环境对酒醅的发酵非常重要，本地特殊的微生物环境造就了茅台酒的独特风格。

『东
EAST 』

山东
即墨老酒 兰陵美酒 张裕葡萄酒

即墨老酒指的是产自即墨的黄酒品类。即墨老酒的酿造历史可上溯到 2000 多年前，正式记载始于北宋时期，清代道光年间畅销全国各地。据史料记载，公元前 722 年即墨地区（包括崂山）已是一个人口众多、物产丰富的地方。这里土地肥沃，黍米（俗称大黄米）高产，米粒大、光圆，是酿造黄酒的上乘原料，用含有多种矿物质的崂山水酿制而成，酒香浓郁，口味醇厚。

兰陵美酒的酿造史同中国的青铜器一样古老，始酿于商代，迄今已有 3000 多年的历史。北魏时期，农学家贾思勰对兰陵美酒生产工艺进行科学分析，加工整理，并载入世界第

一部农业科学宝典《齐民要术》之中，使这一宝贵的历史文化遗产得以保留至今。李白曾写下"兰陵美酒夜光杯，玉碗盛来琥珀光，但使主人能醉客，不知何处是他乡。"的千古绝句。兰陵美酒是介于黄酒与白酒之间的复合型酒品，制作工艺特别，采用重酿工艺制成。

1892 年著名的爱国华侨，客家人张弼士先生为了实现"实业兴邦"的理想，先后投资 300 万两白银在烟台创办了"张裕酿酒公司"，中国葡萄酒工业化的序幕由此拉开，经过 100 多年的发展，张裕已经发展为中国乃至亚洲最大的葡萄酒生产企业。

江苏
镇江香醋

香醋是镇江著名的传统特产，也是中国四大名醋之首，酸而不涩、香而微甜、色浓味鲜。镇江香醋采用独特的"固态分层发酵"工艺，加上镇江温暖湿润的气候环境，形成了镇江香醋独有的酿造微生物区系，造就其酸味柔和、口感风味独特。

浙江
绍兴三缸

绍兴，中国年龄最老的古城之一，是古老越文化的发祥地。民间所谓的"三缸"，即酒缸、酱缸、染缸，正是这座城市的文化内涵之所在。绍兴人爱吃酱制品，"酱货"在绍兴美食世界里占据着极为重要的一部分，几乎能酱的东西都要酱一酱再吃。"绍兴的酱"，是绍兴人餐桌上的基础味道，在绍兴"三缸文化"中，酱醋酿造技术是历史最悠久的，比黄酒还早了200多年。其中独树一帜的不得不提绍兴臭豆腐，其制作技艺已入选绍兴市非物质文化遗产名录。臭豆腐卤的制作方法极其复杂，是用新鲜蔬菜腌制，让其自然发酵，在腌制的过程中不断加入各种香料精心调制，一坛好的卤水常常都有20多个年

头，卤水的配制方法和年代不同，做出来的臭豆腐味道也就各异了。

三缸中以酒缸为最，酿酒业也是为绍兴的经济发展立下了汗马功劳。关于绍兴酒最早的文字记载可追溯到春秋时期，越王勾践出师伐吴，为振奋士气"投醪劳师"，至今绍兴城内尚有"投醪河"遗址。绍兴酒得益于得天独厚的稽山鉴水与其考究的传统手工酿制技艺，黄澄清澈、馥郁芬芳、醇厚甘甜、口味独特，从古至今一直备受欢迎和认可，王羲之、贺知章、李白、白居易、陆游等名人都与其结下了不解之缘。

安徽
臭鳜鱼

相传200多年前，安徽沿江一带的鱼贩每年入冬时将长江名贵渔产鳜鱼用木桶装运至徽州山区售卖，途中为防止鳜鱼变质，采用一层鱼喷洒一层淡盐水的办法，并经常上下翻动，如此七八天抵达屯溪等地时，鱼鳃仍是红色，鳞不脱，质未变，只是表皮散发出一种似臭非臭的特殊气味，但是洗净后经热油稍煎，非但无臭味，反而鲜香无比。如今虽然没有路途遥远，却要专门处理出这独特的臭味。

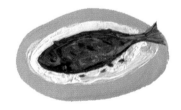

结语

让酿造继续

最早与编辑沟通时，我们是想做一本以发酵为主题的书，但考虑到这是一个无比丰富的世界，这样一本小书是无法承载它的能量的。所以最后经过讨论，内容聚焦在发酵世界的酿造主题。虽然进行酿造相关实践也近七年时间，但在开始之前我们并不知道会进入一个怎样奇妙的世界。

查阅资料、拜访酒庄、采访高人，从冬天播下种子，一路经过四季，这本书算是告一段落。这期间当然还是存有很多遗憾，有的是时间上的，有的是自身能力上的，但唯一感到欣慰的，是最终真诚分享了酿造这件事。酿造跟生活相关，呈现的是人与发酵饮料的关系，但其实也意味着人与地域、人与时间的关系。因为需要动手制作，你会特别关注不同季节、不同地域的原料特点。在北京生活的时候，精酿啤酒浪潮风头正劲，因为爱喝啤酒，想要酿造出自己的那杯啤酒，于是我们开始了啤酒的酿造；在大理生活的时候，与自然很近，开始苹果西达的酿造；而到了江南，感知到真正的四季分明，最爱初春到初夏这段时间，万物复苏，富春江两岸的绿色层次变化，美好极了。五一刚过，一定要进山采摘本季的青梅，要知道短短十天就要空枝，所以最宜在立夏酿下这年的青梅酒；秋冬时分，新米熟成，米酒保存下这年丰收的味道，在来年的欢聚季开瓶，是辞旧迎新的仪式。酿造是什么？发酵饮料有什么魔力？亘古不变的人类渴望是什么？人类无论生活在何时何地，还是喜爱聚集在一起，举杯分享。我们饮酒宣告转变，举杯祝福。我们饮酒告慰痛苦，让酒带自己进入逃避的世界。因为这世界需要它，所以发酵酿造总会存在。这种从古老文明走出的古老技艺，利用谷物、水果进行发酵酿造，势必要与播种、生长、收获和储藏相关联，液体在环境中与微生物作用产生转换，记录下时间的另一种长度，也焕发出新的味道。

与把这些热爱当作事业的人进行交流，最后常常进入一种热烈的状态，一边饮用酿成的产品，一边畅聊这个激动的话题。每个人在自己的世界里去理解它，但都离不开那些最初的深意。让社区变得友爱，创造了无尽的可能性，更加关注四季的变化，懂得与人分享的快乐。这些正向的影响，跟上万年前美索不达米亚古老的人类文明应该是相同的。

时代在变化，发酵酿造也在随之变化。中国主流的发酵饮品在传统的黄酒、白酒、米酒之外，也增加了啤酒、葡萄酒的身影，但是发酵酿造反映着这块土地的风土人情，依然核心不变。身处银川贺兰山东麓的葡萄酒产区，在拜访酒庄的同时，我们的内心总会升腾出"崭新的希望"这几个字，在这片热土上挥洒汗水、拥有信念的"新葡人"，让你不由得开始期待宁夏葡萄酒。或许，这也正是发酵酿造的魔力，它是物质转化的途径，它充满着可能性。

事实上，除了啤酒、米酒、黄酒、白酒、葡萄酒这些发酵酒精饮料，发酵酿造的世界还无比庞大，这只是开始，我们的目标是希望能把发酵这件事讲得更深入，进入这个丰富且广阔的世界，带来更多有价值的出版物。谢谢老朋友何海洋先生，设计九时酒标，开启九时的酿造故事；谢谢中国轻工业出版社的编辑高老师和胡编辑选择这个选题；谢谢好朋友、设计师小美的加入，谢谢接受采访的各位发酵酿造人，是你们让这本书充实丰满。最后感谢生活中一路帮助我们的朋友，所有事都是人的联系，在冥冥之中安排命运的方向。

未来可期，继续酿造。

祝各位喝好酒、遇好人。

图书在版编目（CIP）数据

不可思议的发酵酿造／马俊丽，刘新征编著． — 北京： 中国轻工业出版社，2022.5

ISBN 978-7-5184-3669-9

Ⅰ．①不… Ⅱ．①马… ②刘… Ⅲ．①发酵食品 — 基本知识 Ⅳ．① TS2-49

中国版本图书馆 CIP 数据核字（2021）第 191493 号

责任编辑：胡　佳　　　责任终审：高惠京

整体设计：王今美　　　责任校对：朱燕春　　　责任监印：张京华

出版发行：中国轻工业出版社（北京东长安街 6 号，邮编：100740）

印　　刷：北京博海升彩色印刷有限公司

经　　销：各地新华书店

版　　次：2022 年 5 月第 1 版第 2 次印刷

开　　本：710 × 1000　1/16　印张：12.5

字　　数：300 千字

书　　号：ISBN 978-7-5184-3669-9　　定价：68.00 元

邮购电话：010-65241695

发行电话：010-85119835　传真：85113293

网　　址：http://www.chlip.com.cn

Email：club@chlip.com.cn

如发现图书残缺请与我社邮购联系调换

220537S1C102ZBW